天下文化
BELIEVE IN READING

Artificial Intelligence AI世界的底層邏輯與生存法則

程世嘉
AI專家、iKala共同創辦人暨執行長
——著

蕭玉品——採訪整理

獻給我的父母親

謝謝你們給了哥哥和我

一個幸福美滿的家庭

並且告誡我必須時時跳脫安逸

選擇艱難的道路，成就偉大的事業

獻給我的太太和女兒

謝謝你們無怨無悔支持我創業

目次 contents

PART 3 商業與經營

了解 AI 的強項與短板，借力使力

PART 4 當前與未來

看懂 AI 技術現在進行式

推薦序

有溫度的書寫，化解你的 AI 焦慮

簡立峰

iKala 董事，Google 台灣前董事總經理

2022 年底 ChatGPT 橫空出世，電腦開始可以說人話，能自動創造各種內容。原本屬於科幻小說的場景，就這樣突然出現在世人眼前，讓 AI 時代提早到來！

世界各地的人們，開始有如盲人摸象，對 AI 無限想像，充斥各種好 AI 與壞 AI 的論戰。關心 AI 的人，充滿焦慮，擔憂被 AI 取代，也深怕跟不上 AI 每週一變的快速腳步。

右手創業、左手寫作的 AI 奇才

Sega，一位台大 / 史丹佛高材生、Google 工程師、AI

領域創業家，他專業且生動的一篇篇作品，就成為很多台灣人的必讀，媒體記者編輯的最愛，是不少人面對 AI 焦慮的大海浮木、亂世明燈。

我與 Sega 有很深的淵源與情誼。他是 2006 年我在 Google 工作的第一位實習生，也是第一位勇於離開舒適圈創業的 Google 台灣工程師。Sega 在台大資管系念書時，我還是該系與中研院合聘教授。2020 年我從 Google 退休，更擔任 Sega 所創的 iKala 科技董事迄今。

Sega 真的是人如其文，他學的、做的都是 AI 科技，可是他談的是人性，更確切說他更關心人、關心台灣社會。閱讀 Sega 的作品，是有溫度的，清晰沒有壓力，有節奏但不販賣焦慮。

會取代你的是會使用 AI 的人，本書一開始 Sega 就以此警示讀者。AI 改變職場風貌，也將帶來機會。事實上根據 Statista 網站統計，約 74% 台灣人從未使用 ChatGPT，也只有 4.5% 較常使用，遠低於許多先進國家，台灣人確實需要加把勁。

但 Sega 也說，AI 作品不如有生命意義的故事動人，而職場高度，更是由企圖心與動機決定，AI 幫不了。這是他用心站在讀者角度的鼓勵與提點，這樣的文章肯定不是 AI 生成的。

深入淺出，轉譯 AI 帶來的質變

如果 2023 年是生成式 AI 元年，2024 年就是人機協作元年，AI 將成為職場裡的同事、未來小孩的學伴，我們都得學會與機器共創。習以為常的做事方式、教育方法都將改變。在 Sega 的書裡，我們可以感受到這些即將到來的變革。

對新創、對企業、對 AI 生態系的各種發展，Sega 也有很多獨到見解。AI 科技巨頭（Big Tech）的軍武競賽日趨激烈，媒體競相追逐，Sega 自身的學習與工作經驗，讓他比一般 AI 工程師更能破解產業的競合，也比媒體更能突破五里霧，撥雲見月。企業苦於缺乏數據，缺少人才，Sega 也能從 iKala 的經驗，提出有效建議。而同屬數位新創，Sega 對後進創業者談到如何在巨人肩膀上找出自我優勢，是自我突破，也是給同儕的誠摯建言。

Sega 創業繁忙，又勤於研讀新科技，我都懷疑他偷偷開發 AI 程式幫他讀書、創作。不過您若閱讀過他寫給 iKala 員工動輒數十頁的執行長報告，您真的會相信有神人如 Sega，右手創業、左手寫作，樣樣精通。

對讀者而言，有這樣深度且快手的作者是幸福的。如他的序言自述，那種夜以繼日盯著 AI 發展的工作，就交給專業的他吧！如此一來，世界雖快，透過 Sega 深入淺出的轉譯，讀者的心，則可以慢！

自序

AI 高速發展時代中的那些變與不變

「世界越快，心、則慢」是一支金城武代言的廣告影片當中的提詞，也是我很喜歡的一段哲學敘述。在美國，亞馬遜（Amazon）創辦人貝佐斯（Jeff Bezos）提及自己常常被問：「未來 10 年內什麼事情會改變？」但他認為更重要的問題是：「未來 10 年什麼事情不會改變？」

AI 正以前所未有的速度發展，幾乎可以肯定的是，在我寫完這本書的當下，當中的很多資訊已經需要更新了：更先進的大模型出現，更像人類的人形機器人展現出驚人的能力，監理機關更積極地介入科技公司的 AI 發展⋯⋯。

面對這些令人目不暇給的快速變化，我相信你跟我一樣，每天都對未來的變化充滿了未知的焦慮。但正是在這種時候，貝佐斯的這段話可以做為我們重要的指引。

與其過早投入，不如先躺平一下

太多人想要抓住每一天的細微變化，並根據這些變化做出即時的反應，每天不斷「出招」。但是當這麼多的改變、在這麼短的時間同時發生時，想要這麼做不僅是徒勞無功，也容易讓自己迷失方向、氣力耗盡。

想要跟上 AI 的發展速度就是這樣的狀況，所以我在生成式 AI 剛開始大行其道的時候，就說了「先躺平一陣子也是個好策略」。

因為當變化還在劇烈發生的時候，過早投入反而會浪費時間和成本。當你還在部署模型 1.0 的時候，更強的模型 2.0 幾個禮拜後突然就上線了！這時你不就馬上陷入尷尬了嗎？現在回頭來看，這句話真的應驗了，目前 AI 模型迭代的速度，還遠遠超過一般企業部署和導入的速度。

那麼，我們該怎麼做呢？答案就是確認那些不需要改變、有價值的核心事物，並且將自己的焦點放在它們上面。

當風潮形成，已經來不及跟上

在本書當中，我不斷強調 AI 是一種加值技術，要無中生有創造出嶄新的商業模式非常困難。那麼，你就不應該每天盯著 AI 技術的改變和新進展（這種事情交給我就好了），也不要老是想要從這些新進展裡創造出全新的商業模式；而是應該確認自己「不變」的核心商業模式是什麼，反過來問 AI 的新進展能不能為我既有的商業模式加值。如果不能，那就沒什麼好擔心的，以不變應萬變就好。

每一間科技大廠都是如此，我們自然也不會是例外，Google、亞馬遜、Meta、蘋果（Apple）等公司都是利用 AI 在加值既有的商業模式，沒有整天創造出新的商業模式或突然改變既有的商業模式，這就是它們不變的地方。

許多創業者面對 AI 或是科技的新發展，總是會想要立刻跳轉題目、追著風潮走。事實上，當風潮已經形成的時候，你想跟上早就已經來不及了，因為那些引領風潮的人，也都是努力累積了許久才展現出這些實力，你現在看到的並非一朝一夕可以練成。

所以，一切都回歸到一些從未改變的成功基本原則：樂觀、進取心、終身學習、持續不斷的努力⋯⋯。這些不變，才是我們真正能夠掌握的事物。

最後，很重要的一點是，科技的發展始終不脫人性，也不應該違反人性，必須始終以人為本。而人性萬年來從未改變過，多數時候，我們都是在用科技滿足人類萬年不變的需求，只是每個時代的形式不太相同罷了。所以當你以人為本思考的時候，也更能找出這個世界的不變量 (invariant)，知道自己該把握住什麼，無論世界的科技發展有多迅速。

事實上，對於科技、對於 AI，我一直保有二元的衝突思維在腦中激盪。一方面我想知道科技的極限會在哪裡、會把人類帶到哪裡去；另一方面，我又擔心科技發展到極致，反而造成人類喪失探索未知的進取精神。

人類史上每一次的科技進展，都會讓全世界重新檢視一些重要的事情，這次也不例外。

AI 最近的成功，讓人類重新問一個重要的問題：人類的意識到底是什麼？ AI 是否具有意識？

這個問題，我並沒有在本書中討論。

做的是 AI，談的是人性

意識是科學最後的疆界，可能也是人類相較於機器最後的防線。

我隱隱擔心，AI 最近的進展，會加強我們對唯物論的信念，認為世界不過就是由一堆物質所構成，所謂的意識不過是人類的幻覺罷了，沒有任何神祕之處。

這種想法不但會減少我們探索未知的精神，也會讓我們落入一切命中注定的宿命論當中，造成意義感的喪失，我認為這是相當危險的事情。

因為秉持著科技和人文的二元思維，讓我始終堅持科技和人性的討論要相輔相成，不能偏廢。一個科技專業很強，但是缺乏人文素養的人，可能會誤用科技傷害他人，甚至還會覺得無所謂；相較之下，一個具備企圖心、同理心和各種軟技能的人，則能將心力放在利用科技對人類產生正面的影響。這也是我在本書中談論生成式 AI 的同時，又不斷強調人文素養的原因。

「做的是 AI，談的是人性。」這是我的座右銘。

如果這本書能在如此快速變動的時代當中，提供你一點點的幫助和指引，將是我莫大的榮幸。

對了，這本書沒有任何一段話是用生成式 AI 寫的。至少到現在，我還是希望人類在創作時，盡可能保有純粹的匠人精神，在心中產生一字一句皆出自我手的滿足感。我相信，這是我們與 AI 最不同的地方之一。

希望你喜歡這本書。

前言

當科幻電影場景成為日常

2023 年 5 月，我到 iKala 東京辦公室出差，忙裡偷閒出來逛百貨公司的時候，搭著手扶梯經過某個樓層，意外發現一間有點擁擠的咖啡廳。

那天也不知道哪來的興致，我決定晃過去一探究竟，結果一看發現，引發騷動的，是由鴻海和軟銀共同投資、已經在 2020 年停產的人型機器人 Pepper，而且要價不菲的 Pepper，居然還是每桌的標配。

在東京咖啡店遇到 Pepper

我當下非常驚訝，首先立刻發揮商人本色，估算這個投資加上後續維護肯定不便宜，所以很好奇怎麼會有人願意在咖啡廳投入這樣的硬體設施？再來，每一個 Pepper 都和我印象中呆呆、沒人理的模樣不同。有一桌坐了一對銀髮夫婦，兩個人對 Pepper 好奇得不得了，除了直接開口向 Pepper 點餐，用餐時，從頭到尾眼睛也沒離開過 Pepper；還有個媽媽乾脆直接把小孩丟給 Pepper 陪伴（然後她自己在旁邊滑手機），Pepper 照單全收，應孩子要求跳舞、播歌，樣樣都來。

這下知道我為什麼反應會那麼大了吧？「任務導向」的

機器人我平常在餐飲業、旅宿業見過很多，有些餐廳因應人力短缺，會安排帶位、點餐、收盤子的機器人服務消費者，飯店裡也會有送備品的機器人，但是在每張桌子都配一個機器人，並賦予「陪伴角色」，與消費者互動？這是我在任何地方都沒見過的場景。

那時 ChatGPT 剛剛問世半年，我已經過了無數個每天一睜眼就先讀 200 頁 AI 英文資料再說的日子，儘管天天與 AI 為伍，但看到 Pepper 的表現，我還是在咖啡廳外站了 10 分鐘，一方面想看它還有多少能耐、實際和人們互動的情形，另一方面，我則讓 AI 將為人類建構的種種未來文明新畫面，源源不絕在腦海中展開。

當時我思考的是，Pepper 已經可以聽懂人類的自然語言且肩負陪伴功能，那麼很快地，具備更多強大功能的任務型機器人會出現在我們的生活當中，人類社會很快會演進到「智慧無所不在」的智慧文明階段。

果然，2024 年 3 月中旬，OpenAI 和 Figure（Figure Technologies Inc.）* 這家人形機器人公司合作，宣布推出了搭載 GPT 模型的 Figure 01 機器人。有別於以往的機器人，Figure 01 令人驚訝之處在於可以理解需要推理的間接指令，然後採取決

---

* 成立於 2018 年的 AI 新創公司，創辦人兼 CEO 是 Luke Kim，致力於開發高度智能化的人形機器人。

策和行動。例如當人類跟它說「可以拿點吃的給我嗎？」Figure 01 便會查看四周，透過眼睛（鏡頭）辨識出前方的桌子有顆蘋果放在上面，接著伸手把這顆蘋果拿起來遞給眼前的人類，整個動作非常流暢，Figure 01 完成一連串的推理和動作，達成符合人類期望的成果。

看到這樣的進展，人類可能真的要開始考慮組成 AI 反抗軍了（汗）。

不管你在科幻電影當中已經看過多少這樣的 AI 機器人，當它們真的開始出現在我們生活當中時，還是相當令人震撼與充滿戲劇性。

ChatGPT 問世，帶來 AI 領域的戲劇轉折

會用「戲劇化」來形容 AI 機器人的出現，其實是因為在這之前，我認為要做出一個「人人可用」的聊天機器人，起碼還要三年以上的時間，而 ChatGPT 的橫空出世，的的確確提早且帶動了這個進程，點燃了全世界的 AI 戰火：Meta 馬上開源了第一個廣受歡迎的語言模型 Llama（Large Language Model Meta AI）*，Google 則是在 2023 年底趕緊

---

* Meta 在 2023 年 2 月發布的大型語言模型，可安裝在個人電腦，做為 ChatGPT 的低階替代品。

發表了可處理圖片、影音的線上聊天機器人 Gemini，其他 AI 領域的後起之秀如 Anthropic PBC 和 Mistral AI，也都在 2024 年第一季時發表了與 GPT-4 表現不相上下的語言模型 Claude 3 和 Mistral Large*。

另一方面，輝達（NVIDIA）則是因為這波 AI 的戰火及坐擁 GPU 算力的核心商業模式，被推上了全世界半導體產業的龍頭地位。這些事情發展的速度之快，在人類史上前所未見，我們似乎是突然進入了 AI 時代。

但 AI 並不是新東西，從歷史來看甚至稱不上是一種新技術。AI 已經發展很多年了，1950 年人工智慧之父圖靈（Alan Turing）提出圖靈測試（Turing Test），指出：「機器只要能和人對話而不被識破身分，那就具備智慧。」激發對 AI 的激烈討論。再到 1956 年，在美國達特茅斯學院一場關鍵的研討會中，幾位資訊科技的開山祖師，包括發明資訊理論的 Claude Shannon 在內，正式確立「人工智慧」（artificial intelligence）一詞。所以 AI 一路發展到現在已經有 70 年左右的歷史，只是在早年的發展中，AI 的可行性和實用性常受到質疑，因此經歷了數次起伏，大家普遍稱這些時期為「AI 的寒冬時期」。

---

* Claude 3 被認為是 GPT-4 最強大的對手，按能力低到高共有 Haiku、Sonnet 和 Opus 三種。Mistral Large 主打多語言的高階推理能力，也是 GPT-4 的勁敵。

1990 年代是「機器學習」開始起飛的時代，主要是讓機器從數據中找出模式、建構模型，用以輔助決策和預測未來，因此在生成式 AI 出現之前，我們講的 AI 幾乎都是單向提供數據分析結果的「預測式 AI」。但過去由於大數據、雲端、智慧型手機等這些領域都還在早期發展當中，不要說 AI，連其他領域的科技進程都很緩慢。我大學時廢寢忘食地寫程式（甚至寫到右肩纖維化），投注了非常大的熱情去了解電腦的運作方式，認為數位科技就是未來。但是對於短短 20 年後 AI 和人類的科技就可以發展到這種程度，當時可是一點都沒有預期到。

所以，人類非常不善於預測未來，或許這也是為什麼我們需要 AI 吧。（笑）

大數據、雲端出現前，AI 牛步前行

後來 2005 年到史丹佛大學讀碩士、初次接觸 AI，當時我的研究主題是無人車，也就是要讓電腦學會開車，而我們用的方法很土炮，是拿著三、四台 V8 攝影機架在車上（現在隨便一個行車記錄器都超越那時候用的設備），拍攝駕駛

過程中前後的風景，接著再接起 360 度的環繞畫面，並用電腦視覺的技術，去辨識前面那台車距離我們還有多遠？當下車速是多少？以及旁邊的車道有沒有車、能不能切換？

由於 V8 拍到的都是前車屁股，辨識車輛的能力相當有限，而且那個時候資料實在太少，沒有深度學習、沒有雲端、沒有快速的資料傳輸、沒有足夠的算力，說穿了就是缺乏各種資源。所以我們主要研究的方向是「演算法」，希望有某種演算法的突破可以讓 AI 變得更聰明。後來證明這些著眼於演算法的研究方向效果極為有限，2011 年後的深度學習結合海量數據和簡單的演算法才是正確答案。

所以當時我們寫出來的軟體辨識效果奇差無比，每天只能死盯著 V8 拍下來的影片，看著看著有天突然靈機一動，發現或許有個能提升正確率的方法：整個畫面上方的三分之一都是天空，管它是藍天、多雲、下雨，反正全是不需要理會的天空，我們就把這個規則寫到軟體裡，等於是縮小範圍，結果辨識率還真的立刻提升。

你們看看這種方式有多土炮？這就是還沒有深度學習的 AI 時代，資料量也不夠，想辨識出一張圖片裡有沒有出現車輛，一律先將上方的三分之一切掉，辨識率就會變高。這麼做看起來似乎讓 AI 變聰明了，但它其實是以規則為基礎的一種演算法和 AI，實用性也不高，並不像現在由資料驅動的 AI。

進入 2010 年代，那時我已完成在史丹佛大學的學業、已經在 Google 矽谷總部工作一段時間，從事把機器學習技術引進到 Google 各項產品的工作。後來自請回到台灣，成為 Google 台灣第 003 號員工。並於離開 Google 之後、2012 年創立 iKala，一路看著大數據、雲端陸續推進， AI 技術也終於開始有了一系列關鍵性的進展。

科學研究中最簡單的選項，往往就是最終解答

2012 年，史丹佛大學 AI 實驗室主辦的 ImageNet 大規模視覺辨識挑戰賽（ImageNet Large Scale Visual Recognition Challenge, ILSVRC），由 AI 模型「AlexNet」以 16.4% 的 Top-5 錯誤率奪冠，比第二名的錯誤率足足低了 9.8%。

對於 AlexNet 的表現，所有人都好奇，它是如何突然大幅提升 AI 的視覺辨識率？

AlexNet 是由克里澤夫斯基（Alex Krizhevsky）、蘇茨

克維（Ilya Sutskever）和辛頓（Geoffery Hinton）共同發表，其中，深度學習領域的老兵辛頓堪稱關鍵人物。有「深度學習之父」之稱的辛頓是最早投入深度學習的一批研究人員，只是過去因為大數據和雲端不夠成熟，讓類神經網路一直沒辦法發揮作用，沒想到科學研究中最簡單的選項，往往就是最終解答。

辛頓讓大家知道，只要將類神經網路這個 60 多年前就已經提出的架構，稍微優化一下，再搭配大量的資料、龐大的算力，持續增加深度學習的網路深度，剩下的就是讓暴力美學發揮作用，讓量變產生質變，資料愈多，效果就會愈好，AlexNet 就像是拿一個空空的大腦袋看著大量圖片學習，學會準確辨識出圖片裡的東西。ChatGPT 也一樣，OpenAI 是把全網路的資料拿來訓練神經網路，沒有跳脫基本的神經網路架構。

2015 年的 ImageNet 挑戰賽則是帶來另一個重要轉折的關鍵點，那一年，電腦視覺的能力正式超越人類。一般來說，人類從 100 張照片中，辨識裡面有貓還是狗的錯誤率大約是 5%，也就是說 100 張照片大概會答錯 5 張，這個比率是不會變的，因為人類眼睛不會突然變好，演化沒那麼快；在這一年，AI 的犯錯率降到 3.57 %，等於 100 張照片中只會錯 3 到 4 張，從此以後大家獲得結論：AI 的眼睛已經比人類的眼睛好用了。

2017 年的事情大家肯定記憶猶新。AlphaGo 擊敗韓國棋王李世乭，外界一片振奮，覺得接下來 AI 會有一些更大的突破，人類終於要迎來 AI 新時代。圍棋本身是一種比誰看得遠的遊戲，人類了不起看接下來的 3 步，而 AlphaGo 結合深度神經網路和強化學習的技術，加上富爸爸 Google 提供的龐大算力，能一次看到幾十步遠的步數，最終一舉戰勝李世乭。這是 AI 史上重大的里程碑，不過當時我判斷，下圍棋的人太少了，AlphaGo 的商用價值還不明顯，AlphaGo 是一次成功的行銷，但一般人對於 AI 還是不會有太大感受。

果不其然，在 2017 到 2022 年這段時間，AI 雖然有進展，但都零零星星，也未正式走到大眾面前。比方說 2018 年，Google 的 AI 研究實驗室 DeepMind 推出蛋白質結構預測模型 AlphaFold，在三個月內找出超過 2 億種蛋白質結構（人類花了 40 多年的時間，也才找出 20 幾萬種），進而讓研究人員從中挑出能夠做為新藥研發用的蛋白質。可是這和 AlphaGo 一樣，跟一般人的距離仍然很遙遠，最終雖然有行銷的話題，依舊沒有掀起波瀾。

生成式 AI 出現，AI 時代真的來了

或許這也是為什麼，2022 年 11 月，當 ChatGPT 挾帶著超越人類的聽說讀寫能力問世時，我是真的很驚訝。過去業界尤其不看好聊天機器人領域，深知多年以來，聊天機器人始終沒什麼進步，到後來也漸漸失去耐心，覺得它就只是個選單，可以讓人在觸控面板上按來按去罷了，實際上非常笨拙。但是 ChatGPT 出現之後，所有人都發現，它跟原本智慧助理的表現落差實在太大。

我第一次看到 ChatGPT，就覺得它擁有不可思議的成熟度。預測式 AI 雖然已經逐步被應用到人們的生活中，但平常其實都隱身在後，例如你看 Netflix 時，它推薦你可能想看的電影，或是上亞馬遜買書時，它推給你可能有興趣的書籍，這些都是預測式 AI 在背後作用，但其實你沒有機會直接與它互動；又或者是之前的聊天機器人，你問它的很多問題，只要稍微偏離它能夠回答的範圍，它就無法跟你對答，直接句點你。

可是當 OpenAI 的 ChatGPT、Google 的 Gemini 到微軟 Copilot* 等等各種生成式 AI 工具出現後，情況變得完全不同，人們只要打開網頁，就可以開始與 AI 近距離互動，並且將它融入工作流程，這是過去從未發生過的事。生成式 AI 擁有龐大的資料庫，具備推理、理解、架構能力，你不僅能與它們一直互動、一直聊下去，它組織文章、發想甚至信口開河的能力，還超過一般人。

當然 ChatGPT 針對使用者指令吐出的答案，本質上是根據機率在做文字接龍，很多人會去爭論它到底有沒有意識到自己在鬼扯蛋，我覺得這並不是重點，因為就連人類自己究竟是不是在玩文字接龍，我們也不清楚。我今天給你的回應，可能是我猜測你最想要聽什麼樣的回答而生出來的；老闆、爸爸、媽媽問你一個問題，你會去猜對方想講什麼，哪些回應他可能會不高興，到最後你已經很難分辨在回答你問題的，是人類還是機器。至此，AI 很大程度通過了電腦科學界的聖杯「圖靈測試」，宣告人類與 AI 的互動正式出現了一個「奇點」。生成式 AI 帶來的震撼在這邊，也是連業內專家都非常驚訝的原因。

---

* 微軟開發的生產力工具，採用 OpenAI 的大型語言模型技術，可和 365 Office 結合，讓 Office 的使用者在現有軟體中，可結合 Copilot 直接提供生成式內容，有望發展為「企業專用版 ChatGPT」。

AI 將讓事物呈「指數型成長」

全世界目前導入和應用 AI 的速度，以及 AI 帶動我們社會發展的速度，只能用「超乎想像」的海嘯來形容。ChatGPT 在短短兩個月內創下超過 1 億用戶的史上新高紀錄，是人類史上普及最快的網路服務。如今，ChatGPT、Gemini、Copilot 已經成為許多人工作、生活中的必備良品，每天不打開生成式 AI 工具，讓它生幾張圖、聽它隨口胡謅個幾句，就好像全身不對勁。

iKala 做為一間數位原生的公司，也在 2023 上半年火速採購了一批 GitHub Copilot ，搭配組織內部軟體開發流程的調整，讓生成式 AI 來幫工程師「寫程式」，沒想到一季過後，我們發現工程師的生產力整整拉高了一倍。老實說，這種提升生產力的速度，在人類史上是從來沒有發生過的。要知道，人類是線性動物，原本得花 20 秒才能跑完 100 公尺，絕對沒有隔天立刻進步到 13 秒跑 100 公尺的可能，人類是靠著慢慢練習才能慢慢進步。

所以可以預見的是，有讓事物呈「指數型成長」本事的 AI，將為人類社會帶來快速且深遠的影響，包括智慧助理、機器人、新藥開發、醫療等各個領域，都會有大幅改變。身在 AI 奇點海嘯中的我們，因為當局者迷，可能不會有太多特別的感覺，但幾年後回頭再看這一段時間，我相信我們會認為 2023 年是世界開始建構人類智慧新文明的關鍵元年。此時此刻，我們每一個人都在見證和創造歷史。

在重大關頭，一定要做對決定

記得新冠肺炎剛剛發生的時候，我曾經在臉書上寫下：「每一次世界發生重大變化的時候，都是財富和權力重新洗牌的機會，而一個人在世界發生轉變的時候所採取的行為，則決定了他往後的命運。」面對每一次的變化，總是有些人積極把握機會、有些人無感、有些人則乾脆躺平。

那麼，面對 AI，到底要保持怎樣的心態？以及要怎樣做才是對的呢？

這些問題並沒有簡單的答案，因為這一波生成式 AI 海嘯帶來的影響既深遠又複雜，觸及我們熟知的一切事物，而且狀況還在快速變化中。我們唯一能做的，就是選擇用正確的思考方式來面對這波變革，仔細分辨那些變與不變的事情。

所謂「選擇比努力重要」，並不是告訴大家努力不重要，而是提醒我們自己，不要在重大關頭做出錯誤的決定，否則日後你做對再多小決定或付出再多努力，都很難彌補人生中一次重大的錯誤決定。

而選擇用正確的思維駕馭這一波 AI 浪潮，就是我們現在必須努力做的事情。

很開心自己能躬逢其盛，坐在海景第一排的搖滾區，參與這場 AI 盛事。藉著這本書，我將以 AI 為核心，分別從工作與職場、個人與學習和商業與經營三大層面，提出工作者、每一個人身在 AI 新文明中，會遭遇的變與不變和因應之道，以及我自己帶領企業實踐 AI 的實務；同時，我也會從宏觀角度暢談 AI 現在與未來的應用趨勢、影響 AI 進展的可能變數，與大家分享我站在海嘯上面衝浪的風景。

Part 1

職場與工作

當AI成為標配，你的獨特性更重要

Chapter —— 01

會取代你的，是會使用 AI 的人

在漫長的職涯中，

應該避免陷入重複性事務的困境，

讓 AI 成為互補的工具，

並隨時注意 AI 的進展。

現在很多人都擔心自己會被 AI 取代，我完全可以體會這股焦慮感，但大家其實一直搞錯問題和重點了。

如果把時間線拉長，從工業革命、電腦革命看到現在的 AI 革命，會發現技術進步的侵蝕本來就是慢慢發生的，而且人類社會有辦法適應這些新技術，能不斷重塑（reskill）與提升技能（upskill）。例如在福特發明汽車前，人類都用馬車代步，但在世界第一部汽車 Model T 誕生、開始量產後，瞬間掀起交通革命，人們可以駕駛汽車抵達許多以前馬車無法到達的地方，連帶又帶動觀光產業的發展，並創造更多就業機會。

別怕 AI 拿走你的工作

又或者是對金融業來說，自動提款機（ATM）出現時，所有人都說銀行要消失了、櫃員要失業了，但結果有嗎？現在看起來沒有。銀行轉而把自己當成「服務業」，不只處理存提款、放款、借貸，反而轉型成理財的機構、生活的入口。

所以到 AI 時代也一樣，在最近的每次演講中，我都會提醒聽眾：「AI 不會突然摧毀、取代工作，它是一步步解構你的工作，取代的是一個個任務，讓人類扮演的角色漸漸弱化。」我們在看待AI對工作的影響時，不是要問「會不會取代工作」，而是應該問「AI會取代哪些『任務』？」

AI可以取代重複性事務，也展現出強大的推理能力，但無法協調、決策、管理。

以現階段來說，AI的發展就像兩面刃，對每個產業、職位的影響程度不一。工作者負責的任務若跟AI高度重疊，例如資料處理、需要人類手工處理的重複性事務，毫無疑問很快會被機器取代。但大家也不需要太過悲觀，因為AI還有很多遠遠做不到的事情，像是協調、決策、管理等等這些需要「人在場」的事務。

2023年7月，美國尼爾森諾曼集團（Nielsen Norman Group）發布的報告〈AI提高員工66%生產力〉（AI Improves Employee Productivity by 66%）指出，客服、內容生成和寫程式是生成式AI影響生產力最深的三個領域。其中，聊天機器人協助客服人員提升了20%的生產力；負責產生內容、交換資訊的數位工作者，在運用生成式AI工具產出文案、翻譯、報告、整理簡報及會議紀錄後，經統計增加了70%的生產力；帶來最強大威力的領域是編寫程式，讓生成式AI

幫軟體工程師寫程式，可以提升 125%的生產力，等於工程師原先寫一行程式碼的時間，現在可以寫二至三行。

進一步抽絲剝繭，會發現生成式 AI 顯著提高了客服人員、數位工作者、軟體工程師的生產力，但他們的工作有被取代嗎？聊天機器人這麼會聊天，客服人員是不是全部要失業了？從現在的結果來看，大家可以放寬心，這件事並沒有發生。

以客服人員的工作內容來說，他們必須精準回答資訊，尤其處理客訴時更要格外小心，懂得安撫客戶的情緒，要是將 ChatGPT 應用在這些細部流程，目前是無法預測結果的，意思是聊天機器人雖然上知天文、下知地理，但如果明確指使它照著指令處理事情時，你無法確定伶牙俐齒、行為幾乎和人一樣的它會不會對客戶胡說八道，所以企業、品牌對於將 ChatGPT 應用在客服場域，仍有一定程度的猶豫，畢竟誰想得罪客戶呢？

因此能確定的是，AI 不會直接取代「整份」工作，但它會解構和取代某些「任務」。比方數位工作者想完成一項文字任務，一般來說要經過發想、草稿跟編修三個階段，對行銷人員、文字工作者最痛苦的，無非是一開始的「發想」，假設我得幫一個賣咖啡豆的客戶規劃行銷廣告，到底要端出什麼主題？大綱該怎麼寫？所謂萬事起頭難，起那個頭向來是抓破腦袋的時候。

AI 又快又便宜，當然要用起來

我經常會舉物理中「靜摩擦力」的例子。相較於動摩擦力，靜摩擦力更大，當你要將一個木塊往前推的時候，一開始會需要花許多力氣，但等木塊自己開始滑動後，後續要維持往前滑的力量就變得比較小。像是 ChatGPT、Gemini 這些對於發想、撰擬草稿特別厲害的生成式 AI 工具，就是迅速克服靜摩擦力的關鍵。

因為這些工具和以往我們使用的聊天機器人不同，過去聊天機器人只能給你一個固定選單，把選單統統拉完就沒了，可是 ChatGPT 的自由度無限，你要是發揮創意，和它聊通宵都沒問題。

所以現在工作者需要一點靈感刺激時，只要打開 ChatGPT，直接要它給出 10 個點子，或是下個擬訪綱、想文案的指令，它就會自動吐出一堆東西，而且整個過程真的像在跟一個真人討論般。當我陸續完善內容時，它還可以糾正我的文法，把文字修飾得更通順（可是 ChatGPT 不為工作成果負責，千萬別叫它完成你的工作，它只是來跟你閒聊而已）。

基本上，光是這個環節，就已經為世界帶來徹底變化。2023 年，美國麻省理工學院（MIT）發表了一篇〈生成式人工智慧對生產力效應的實驗證據〉（Experimental Evidence on the Productivity Effects of Generative Artificial Intelligence）文中指出，若讓人類和生成式 AI 一同走過發想、草稿、編修的三階段，研究發現，當生成式 AI 給予靈感、刺激後，人類在發想和草稿兩階段花費的時間是降低的，編修階段則要多花一點時間，但不論如何，最終的結果都顯示，完成整個文字工作的時間仍然較先前減少 37%。

這代表什麼？代表生成式 AI 就是在拆解、解構任務，它並非在每個環節都能節省時間，或許有些任務會省下一些，有些任務則會多費些力，就像比起要老師自己寫一篇作文，改一篇學生的作文可能更耗時間，但總花費時間是減少的。而這也不影響人與 AI 協作時，整體生產力的提升，根據統計，工作產出的品質還提升了 19.8%。所以 AI 已經被證明是又快又好，加上使用成本還會持續降低，最後成了終極的又快又好又便宜的生產力工具。

這也是為什麼大家都說：**會取代你的不是 AI，而是那些使用 AI 的人**。

而**工作者一定要先認知到，生成式 AI 並非為了產生精確的工作成果而存在**，如果抱持著這種期待去使用，表示你完全誤解了它的功用。**生成式 AI 的設計與運作，是為了理解你、跟你有互動，進而給予靈感、想法**。既然是給想法，就不見得精確，甚至會有不同視角。以撰寫履歷來說，ChatGPT 可以把一段經歷寫得更漂亮，但它無法造假經歷，因為那就不是真正的你了。

讓 ChatGPT 成為你的工作標配

我也是工作者，平常需要投入許多內、外部溝通，寫備忘錄、寫演講大綱、寫臉書都是工作中很重要的一部分。在開始將 ChatGPT 當成「標準配備」後，現在只要擬定大綱、撰文前，我會先將詳細情境告訴 ChatGPT，要溝通的對象是誰、來自什麼產業，它都能據此給出不錯建議；又或者是寫英文備忘錄時，我也會丟給 ChatGPT 校稿。後來我發現，其實有所收穫的反而是我，能從中學到漂亮的句型寫法與更精準的用字。事實上，ChatGPT 不只能輔助人類，只要你想盡辦法繞路，讓它開始與你互動，它幾乎能教會你所有事情，畢竟它是從許多專家、專業知識、大量資料中萃取出的智慧結晶。

至於在 iKala，自從 ChatGPT 推出後，由於生成式 AI 是新概念，原本大家不知道 AI 能快速生成文字、圖片，所以我也先強硬動員第一線主管人人試用，深入了解這是什麼，並試著找出將 ChatGPT 應用在日常工作中的方式，思考各部門有沒有辦法用它來優化流程？當時每個人都交了作業給我，還有同仁用 ChatGPT 完成這份報告，我覺得這樣腦洞大開非常好，起碼願意開始嘗試。

接著在一些會議、工作場合中，如果不是需要給出數字的精確答案，我都會詢問同仁有沒有用過 ChatGPT，包括發想內部專案名稱時，我們會請 ChatGPT 拋出幾個點子；同仁撰寫新聞稿時，會要 ChatGPT 給予架構建議。有時候大家開營運會議時，得思考要報告哪些事項、列出哪些指標，我也會要同仁詢問 ChatGPT 的意見，看看一般專業工作者在營運會議報告時，通常是怎麼做的。想當然耳，ChatGPT 會幫你全部列出且整理得完整又詳盡。

我剛剛講的這些資訊和內容，同仁可不可以用 Google 搜尋到？絕對可以。Google 上一定有人分享參與營運會議要注意的細節，例如要準備財務數字、回報團隊狀況等。但我要的並不是精確答案，只是大略的框架和草案，為什麼需要在網路上 Google？試想一下，我搜尋到參考資料後，還要自己篩選訊息，然後逐段複製、貼上、整理，ChatGPT 花不到一秒時間就會一一條列出來，不是比剪下、貼上更快、更有效率嗎？

眼見生成式 AI 已經逐步被大家認識、接受，後來我們在 iKala 的內部網站設立一個平台，在安全、不連外網的狀態下，讓同仁任意運用類似 ChatGPT、生成式 AI 製圖工具 Midjourney 來發想文案、進行 AI 繪圖。生成式 AI 甚至可以幫我們寫 mail（雖然目前以英文內容為主），像是回覆客戶信件時，先打好一半內容，再讓生成式 AI 接著產出後面段落，或是讓它幫忙邀約會議時間、寫致歉信等，這些 AI 都能寫得非常通順。老實說，亞洲人內斂居多、不擅表達，許多人在寫商務郵件時經常會卡超久，開始和這些生成式 AI

協作後，真的為我們省去不少時間，相當方便。

生成式 AI 工具發展至今，在工作流程當中已具備相當的實用性，唯一有待克服的摩擦力，反而是我們自己的工作習慣。因此我敢大膽預測，跟著 AI 長大的一代，用起這些工具將會跟我們現在使用手機一樣自然。

打不過 AI 的，就讓 AI 幫你做

讓我回到最初的問題：AI 會取代我的工作嗎？

如同前面提到的，現階段要看產業、職位性質。目前確實已經有一些線上教育企業，運用生成式 AI 的語音辨識、語音合成技術，讓學習者直接向虛擬語言家教對話、學習，我手機裡有幾款和 AI 對答、學習語言的 APP，都表現得很好，這或許就會造成原先線上真人家教的人力減省。

相對來說，如果不同產業的工作者，在運用生成式 AI 後大幅提升生產力，帶動業績成長，企業豈不是還要增添人手？ iKala 本來就沒有太多人力堆疊、重複性高的工作流程，在人人善用 AI 後，不僅未減少人力，反而因為同仁生產力顯著提升、事業規模持續變大，正積極尋覓更多人才。

所有人都不用是 AI 專家，不需要了解 AI 的內部到底怎麼運作、採用什麼技術架構，但每一個人在漫長的職涯中，應該避免把自己陷入日復一日重複性事務的困境中，並要讓 AI 成為與自己互補的工具，隨時注意 AI 現在可以做到哪些事情、不能做到哪些事情，能夠解決什麼問題、創造什麼價值。企業也必須用心考慮到 AI 對每一個職位的影響，為員工規劃成長的方向。

只要對生成式 AI 有正確認知、將 AI 當成輔助工具，就可以迴避有一天被機器代勞的風險。

Chapter —— 02

善用生成式 AI，
工作產能超車

隨著生成式 AI 問世，
人才的不平等與不對稱會被不斷放大，
未來的人力市場將走向「強者愈強、弱者愈弱」，
能夠善用各種生成式 AI 工具的人，
或許可開創更多新機會。

以前在Google內部的一個訓練課程上，我學習到要成為一個成熟的工作者，要經過依賴別人（dependent）、獨立作業（independent）和互相依賴協作（interdependent）三個階段。

如何成為「成熟工作者」？

這三階段其實很符合每個人從小到大、從幼稚邁向成熟的成長路徑。孩子小時候因為沒有自主生活、賺錢的能力，一定是先「依賴別人」，等到長大、開始工作，才進入第二階段「獨立作業」。這部分西方人通常會比東方人早慧，畢竟他們向來有強調獨立的文化，念大學時就被要求自己賺錢付學費。而一般人在此基礎下，會再步入「互相依賴協作」的第三階段，意思是可以在職場上通過團隊合作，產出更大的個人成果。

就我觀察，多數工作者在其一生的職場生涯當中，都能夠進展到第二個階段，也就是具備獨立作業的能力，能憑著少數指令，規劃出達成目標的策略和步驟，但也經常就停留在這裡了，要再往前步入到第三階段，有時候可能還要靠點機遇。

這主要是因為第二和第三個階段，所需要的技能完全不同，在第一和第二個階段，我們大多獨自追求個人技藝的成長和獨立作業能力，但是要進展到第三個階段，需要強大的溝通技能。而多數工作者的溝通技能，常常是沒有得到驗證的，就連本人也不知道自己是否夠充足。

我接受「邁向成熟工作者」這項訓練時，正好處於第一階段的「獨立作業」，當時我不覺得自己在團隊合作上特別厲害，是因為有與人共同創業、遭遇挫折、轉型等跌宕起伏的過程，才逐步完整自身經歷。不過我後來回想，其實我在平常打電動的時間裡，就已經「加速」經歷過成熟工作者的三階段，等於是一種「精神時光屋」* 的概念。

這裡一定要特別說說我的電玩資歷（關於這個我應該可以再寫一本書了）。我打電動已經超過 30 年，特殊技能是可以把搖桿反手拿放在背後打，玩的第一款遊戲是《魂斗羅》（大概很少人聽過），然後我是從單機遊戲一路玩到連線、線上遊戲。當兵時因為考上預官資訊官，是少數軍中可以連線到實體網路的單位，我玩起了策略型遊戲《世紀帝國》，「成熟工作者」三階段的養成在這裡就非常明顯。

---

*「精神時光屋」是漫畫《七龍珠》裡的一個修煉場所，裡頭一年相當於外界一天，食物、水、房間則樣樣俱全，許多漫畫中的角色因為在精神時光屋內修煉，實力得以迅速提升。

剛開始玩《世紀帝國》，我是跟一位軍中學長學習，他指導我一步步養牛、養羊，將牲口變成肉後再帶回家，同時調配採礦、耕田的人力，以養活村民，這其實就是依賴別人的第一階段。等我學會怎麼玩、進入獨立作業後，不僅建立起自己的小王國，還懂得聯合次要敵人攻擊主要敵人，一起消滅第三國，這時候互相依賴協作就出現了，等於我是透過策略型遊戲，走過成熟工作者的三階段。而且我發現再後來更新、更高級的《星海爭霸》系列遊戲，又因應時代變化，變成「回合制」的快打型遊戲，玩家可以運用額外的資源，進入快轉模式，又加速了遊戲進程。

依賴別人
dependent

獨立作業
independent

互相依賴協作
interdependent

成熟工作者的養成三階段

AI 時代的「超級明星」效應

或許你會好奇，電玩創造出一個元宇宙，讓玩家在平行宇宙裡迅速走過三個階段，和 AI 有什麼關係？

相信我，絕對有。到了 AI 時代，成為成熟工作者要經歷的三階段依舊不變，做為一位企業領導人，我同樣期許同仁都能是成熟的工作者，只是現在因為工具進步，善用工具、AI 的工作者，又會比打電動更加速體驗到這三個階段。

以微軟旗下 Mojang Studios 開發的麥塊（Minecraft）這款沙盒遊戲來說，它可以邊玩邊學程式邏輯，孩子從起初不會玩、只是個菜鳥時，就和身處真實社會一樣，有人懶得理他，也會有許多人來教他，孩子是逐步在依賴中學習；接著等孩子擁有獨立作業的能力，便可以開始與別人交流、交新朋友，去做些不一樣的事；而他們通常只需要在麥塊上混個一年半載，就能在不知不覺間學會團隊合作、互相依賴協作，走完成熟工作者要經歷的三個階段。換句話說，如果這些新世代的工作者在成長期間，願意運用 AI 和各種工具，絕對會跳脫我們以前學習的速度，在工作產出上超車，進而為自己帶來額外的機會。

對我來說，生成式 AI 就和過往人類新發明的工具、技術一樣，是個「放大器」。人們為什麼要從寫字轉而使用打字機、用鍵盤？因為用打字機、鍵盤打字時，一分鐘可以打 100 多個字，但我們一分鐘不可能寫到 100 多個字（除非鬼畫符）。等於會用工具，生產力就會被放大，完成工作的速度、效率也更快。人類塑造出各種新工具，然後再由工具回過頭來塑造我們，完成自己的工作，AI 也是這樣。

在農業、工業時代，大家的工作能力差不多，生產力不會有太大區別，但 AI 時代有「超級明星」效應，一個好的、具備生產力的工作者，生產力可能會是隔壁同仁的 10 倍之多。

舉例來說，原先就非常多產、對文字掌控能力也爐火純青的知名作家，要是再加入生成式 AI 的幫忙，就可在「多產」這個部分成為助力，將事業做得更大。像是 J．K 羅琳（J. K. Rowling），如果讓 AI 先幫她撰寫某些段落，然後再自行編修，等於迅速增加生產力，而《哈利波特》（*Harry Potter*）就可以從 7 集寫到 70 集，事業會做得更大；日本芥川獎公布第 170 屆評選結果，小說家九段理江（Rie Kudan）憑藉《東京都同情塔》獲獎，她坦承作品中有 5%

的內容是由 ChatGPT 撰寫，直言生成式 AI 協助釋放了她的潛力。

同理可證，其他的職業也同樣會出現類似情況，一個原本就很會寫程式的工程師，如果可以善用生成式 AI，生產力可能會是一般工程師的好幾倍，而且不只是量的增加，在質的方面也可能有過之而無不及。

強者愈強、弱者愈弱的 M 型化趨勢

不過要特別留意的是，隨著生成式 AI 問世、科技持續推陳出新，我觀察到人才的不平等與不對稱會被不斷放大，也就是說未來的人力市場，將呈現「強者愈強、弱者愈弱」的樣貌。

從 ChatGPT 掀起生成式 AI 的浪潮的短短一年多內，每隔幾個月，就會看到 Google、Meta、微軟、亞馬遜等科技巨頭裁撤多少人的消息，光是 Google，就分別在 2023 年 1 月、9 月和 2024 年 1 月，起碼宣布了三次裁員。不是說缺工已是新常態嗎？為什麼這些科技巨頭還一直裁員？難道所有人最擔心的，AI 將會取代人類的惡夢要成真了？

先別擔心，軟體工程師絕對不會消失，也不會被完全取代，前端的軟體工程師會製造一堆 bug，後面還是要有人來收拾（笑）。只是善用 AI 這個放大器與否，會讓同一個行業、圈圈的人，不論在表現、收入的差距都愈來愈大，出現兩極化的「M 型趨勢」。

以資訊業來說，薪水低的那群人，就是許多媒體揭露的，只能領著台幣約 39.9 至 60.5 元時薪，做著重複性工作、為 ChatGPT 標記有害內容的「數據標註員」；薪水優渥的，則是最頂級的程式設計師，能在 OpenAI 坐擁台幣數千萬元年薪；至於位於中間的那群軟體工程師，只會愈來愈少。

面對強者愈強、弱者愈弱的人力市場，老實說我做為企業主也會緊張，在數位化、數位轉型成為標配的現在，即使大撒銀彈，都未必找得到合適人才，我相信其他領導人、工作者，都在思考該如何因應這樣的情形。

目前 iKala 的策略是緩慢招募、慢慢找人，一件事情寧可缺人做，萬萬不要隨便找人做，要是找不到對的人才，就先把事情減少，聚焦現有人力能負擔的業務。

至於廣大的工作者們，我建議在規劃往後學習里程時，必須納入「強者愈強、弱者愈弱」的市場現況做為考量，尤其身在數位技術、科技產業的工作者，如果沒有辦法躋身頂尖行列，那可能就會是表現、收入都相對普通的一群人，在產業中的價值不高。

但如同我一直強調的，各行各業的工作者如果樂於嘗試而且善用可以取得的工具，包括 ChatGPT、Gemini、Copilot 等各種生成式 AI 工具，或許會為自己開創更多新機會。

Chapter —— 03

不變的東西，更有價值

當生成式 AI 正在加速吐出各式各樣訊息的同時，

人們向內探索自己的時間相對變得很少。

能夠了解自己，懂得發揮優點、彌補缺點，

必然將更為重要。

很多人會問我，iKala 的選才條件會很嚴格嗎？需要具備什麼特殊的專業能力？例如很會寫程式、語言能力很好、具備多項硬技能？

每間企業、每個人對於硬技能的期待不一樣，但 iKala 對硬技能的要求真的不高，會收發電子郵件，知道 LINE 怎麼用，當有人在和你共同編輯 Google 文件時不要被嚇到，我們就覺得不錯了。如果用過工作管理平台 Slack*、專案管理工具 Notion† 等協作軟體，或是會線上操作 CRM（Customer Relationship Management，客戶關係管理系統）等等，那就更好了。這些數位工具，只要有心，很快都可以學會。

但對我來說，身處 AI 時代，與其討論硬技能，擁有「軟技能」反而更加重要。

意義永遠來自真實人生

就像有時陪女兒上才藝課，我不免會想：現在學這些還有意義嗎？以後 AI 是不是都可以取代？秉持一貫的想法，我的答案是否定的。

因為這些先進的 AI 技術只是被拿來當做輔助人類的工

---

* Slack 是由 Slack Technologies 公司專為商務設計，基於雲端運算的即時通訊軟體，讓團隊可在雲端協作。

† Notion 是 Notion Labs Inc 在 2016 年推出的一款類似 Evrnote、Keep 的線上筆記本，可插入圖片、音檔、影片等，也可跨平台線上協作。

具，本身產生出的作品並沒有太大意義。相較之下，歷史上許多創作者、藝術家，由於做為活生生的人，有情感、慾望，有好奇心、企圖心，在將這些情緒、心境交會並積累成許多人生經驗之後，才產出成名和經典之作，而這整個過程正是AI缺乏的。

在ChatGPT問世前，AI是先在藝術創作領域有顯著突破，產生的畫作比專業人士畫得還精美。2016年，廣告公司智威湯遜和微軟合作，以300多張畫家林布蘭的畫作為基礎，為荷蘭ING銀行的行銷活動，創作了一幅「AI林布蘭」的作品。

林布蘭的畫作有其特殊風格，他筆下的人物，經常是留個小鬍子、戴個寬扁帽的中古時歐洲白人男性。而這幅「AI林布蘭」，也確實畫的是位白人男性，而且同樣留了小鬍子、戴著寬扁帽。畫作展出時，還特別賣了個關子隱瞞觀眾，詢問大家知不知道這幅畫是誰畫的？當時現場就有人舉手，說那是林布蘭的風格，就是林布蘭的畫。

於是大家又看了看畫，頭上紛紛冒出問號，因為風格雖然是林布蘭，但林布蘭似乎沒畫過那幅畫啊！最終，答案揭曉，展方宣布那畫其實是AI所作後，所有人一片譁然，直呼 AI 跟林布蘭一樣厲害，可以創造出頂尖畫作。

對於這則新聞，可能很多人的印象就只到這裡，而故事也真的就在這裡戛然而止。後來「AI 林布蘭」有在全世界引起風潮嗎？人們會去欣賞 AI 的其他畫作嗎？好像沒有，因為人們賞析一件作品，更多是關注創作者的故事、靈感來源，而「AI 林布蘭」本身根本沒有所謂的人生意義，所以無法賦予作品意義。

再說白一點，如果是機器的作品，除非是要看論述、讀論文，不然只要知道那是機器畫出來的藝術品，我真的會覺得超沒意思，因為 AI 只是創造出一些沒有意義的東西，無法引起生活中的任何共鳴。累積生命故事的作品才是有意義的，而這些意義的來源，就是人類獨有的種種特質衍生的經驗。

2021 年起，我受到橋水基金創辦人瑞．達利歐（Ray Dalio）《原則》（*Principles*）一書的影響，以公司全體員工為受眾，花了一個月寫出一本《Sega 使用手冊》，記錄下許多我認為人類獨有且必須具備的軟技能與心態，包括批判性思考、與人交流、解決問題、企圖心、成長心態和團隊意識等等，期望讓所有人了解 iKala 的未來發展方向、方式，以及我的思維模式、領導風格。後面我會再詳細這些技能，這裡可以先談談 AI 時代幾項我一直在談、同樣適用職場甚至人生的重要技能與心態。

什麼都可能，只看你要不要？

舉例來說，我經常叮嚀同仁要有「企圖心」。還記得「寶可夢阿伯」嗎？就是那個為了「抓寶」，最多曾在腳踏車上架了 72 支手機的神人。你說阿伯有什麼特殊技能？眼明手快、能飛天遁地？恐怕都不是。他受訪時提到，他很喜歡寶可夢（Pokémon Go）這款遊戲，但覺得拿一支手機抓寶實在太慢，就突發奇想弄來多一點手機，再在腳踏車上發明能裝下這些設備的裝置，玩得起勁時還能「好康道相報」，幫別人抓寶，沒想到後來玩大了，居然獲得品牌贊助，一口氣架上 72 支手機。在他身上，我看到的最強特質就是企圖心。

又或者是以前小編、評論家再怎麼絞盡腦汁，一天產出兩篇文章已經很緊繃，但是現在生成式 AI 可以協助發想主題、規劃架構，甚至提供大綱，生產力是不是就馬上倍增 3 倍、5 倍？當工具已經這麼方便、不斷推陳出新，工作者只要拿出一些企圖心，就可以開始一次做好幾份工，成為斜槓工作者、增加收入，一切只取決於自己要不要。

相較於硬技能，企業領導人更在乎工作者有沒有企圖心、願不願意去使用工具，一堆人來應徵同一個職位，有人就是展現出更強烈的企圖心與動機，成為脫穎而出的關鍵。入職後，工作者等於被丟到水裡，不展現企圖心、學習游泳就會淹死，企業通常一定會準備救生圈，但要是連緊緊抓住的動力都沒有，工作者也無法生存。

你認識自己嗎？

我另外還鼓勵同仁要能「自我覺察」，必須從內而外清楚自己到底是怎麼樣的一個人。現在我們由外而內接受很多資訊，連生成式 AI 都可以不間斷吐出各式各樣的訊息，等於人們往內去探索自己的時間變得很少，但在職場上，那些最了解自己、清楚興趣和專長在哪裡的人，最能發揮自己的潛力，因為他們知道自己的優點和缺點，也有勇氣面對，因此懂得發揮優點，並且找方法彌補自己的缺點（而不是消滅缺點，人不需要也不可能完全消滅自己的缺點，只要讓缺點不要成為我們的絆腳石就好）。而那些始終不太了解自己的人，無論換了多少個環境，都會讓自己陷入同樣的結果和困境，最後只能用「倒楣」兩個字來自怨自艾，覺得自己運氣怎麼會始終不好。

像我就發現自己是個極度內向者（想不到吧），別看我經常演講，私底下其實話很少，少到可以一整天都不太說話，一年外出的應酬次數屈指可數。這種性格讓我在創業過程當中一直有個猶豫，就是內向者真的可以創業嗎？我不會跟人家社交、沒有辦法跟陌生人自在相處該怎麼辦？

當我產生疑惑，就為自我覺察起了頭，並開始透過人類圖、MBTI、紫微斗數、星座、塔羅牌等等各種手段，了解自己、尋找答案。裡面當然會有一些形而上學、玄學，但全都是想辦法給予自我覺察的輔助。一般來說，人往往在事過境遷之後才會頓悟很多事情，尤其是踩到雷、跌到坑裡時，痛過才知道什麼叫痛，到那個時候再回頭檢視自身、看看自己想成為什麼樣的人，就有點太遲了。後來，我在《Sega 使用手冊》中，明白告訴大家我是雙子座、MBTI 是建築師人格（INTJ），甚至還分享了我的紫微命盤（應該所有同仁都會好奇先看這頁），除了做到自我覺察，還告知同仁，促進彼此間的溝通。

進入心流，將一件事做深

我身體力行的還有「保持專注力」，以前因為沒有短影音，專注力可能不是競爭優勢，但在數位、AI 時代，專注變得愈來愈難。根據微軟在 2016 年發布的報告顯示，人類平均的專注時間，已經從 2000 年的 12 秒縮減到 2015 年的 8 秒，已經比金魚的 9 秒還短，等於人的專注力比動物要糟糕，汪喵都比我們淡定。

但要是能保持專注力，將一件事做得深，就立刻擁有大幅領先別人的機會，畢竟許多人面對手頭上的任務，都習慣趕緊做完、趕快交差，開發產品也一樣，市場上出現什麼風吹草動就跟著轉向，過程中都沒有積累。但有專注才有累積，才能深入思考接下來的方向。我自己需要進入心流狀態、處理重要事務時，都會暫時關閉手機的通知，LINE 訊息和電話通通不管（難怪朋友愈來愈少），但我的心得是，其實專注時間真的不需要多，一天兩小時就很夠，足以完成許多工作了。

從企圖心、自我覺察、專注力到 iKala 強調的六大技能，會發現這些軟技能除了是人類獨有，而且還是不論放到任何時空，都非常重要且雋永的。其實我們當初在訂定 iKala 的價值觀時，就是想找出一套永遠不變的原則，在大環境快速變遷的 AI 時代，大家都在注意「什麼東西會變」，反而不去關注「不變的是什麼」，這實在有點笨，因為不變的東西不是更有價值嗎？建議各位工作者，靜下心來，找出你認為最具價值的軟技能吧。

Chapter —— 04

拋開成見與人設，職場是共學場域

隨著科技快速進化，跨世代溝通協作更為重要。

因此我給 iKala 同仁的指引就是：

拋開對自己年齡和人設的主觀認知，

以「共學」的概念，消弭彼此間的隔閡。

相信這幾年來，所有工作者應該都遇到一樣的問題了吧？工作時，身旁圍繞著 20 歲、30 歲、40 歲、50 歲甚至 60 歲的同事已是司空見慣，而和那些年紀不相仿的同事聊天，隨口講個流行用語、提到哪個偶像明星時，彼此不在同一個頻率還不要緊，要是共事時不同調、經常雞同鴨講，就很頭痛了。

世代不同，價值觀也不同

現今在職場上，任何企業都開始面臨非常複雜的跨世代管理、溝通議題。隨著人類壽命延長、高齡化趨勢到來，第二次世界大戰後出生的嬰兒潮世代，許多人選擇退而不休，而且很快的，再過幾年，那些 2010 年後出生、很會用生成式 AI 工具的 α 世代也會加入職場，等於一家公司即將出現「五代同堂」的場景，各種價值觀和工作習慣的衝突會在公司內部上演，這是人類歷史上從未發生過的事情。

到底要如何同時和嬰兒潮、X、Y、Z 甚至是未來的 α 世代好好在職場上協作，已經是每家公司、每個工作者，還有我的最大苦惱了。

以前按照父母子女輩分劃分時，是 30 年一個世代，如今由於科技進展、資訊流動速度和生活習慣的快速改變，導致每 15 年就像是一個新的世代。

所謂的 X 世代，泛指 1965 至 1980 年出生者，Y 世代則是 1981 到 1995 年出生的孩子，Z 世代大致上指的是 1996 到 2010 年這段時間出生的孩子們。

iKala 目前員工的平均年齡是 31 歲左右，大概是還算年輕又好像沒有那麼年輕的 Y 世代年紀，所以公司呈現出來的大概就是 Y 世代的習慣吧。但我已經感受到跨世代議題的複雜度和管理挑戰。

先說說不同世代表現出來的特質。像我自己是 Y 世代前段班，在我們成長的年代，因為網路還不普及，一開始的生活環境沒有這麼高度連結，會更關注地區、地域性的消息，而且通常不會看得太遠。偷偷說，我自己就特別喜歡類比的東西，鍾愛紙本書的觸感，到現在我還是有在筆記本記錄事情的習慣（我知道會被笑老派）。

至於那些數位原生、看到平的螢幕都會想滑一下的 Z 世代，儘管每個人都特立獨行、強調個人性格，但因為能連網的智慧型手機相當普遍，所有人從小就活在高度連結的虛擬世界裡，對於國家、文化界限其實是模糊的，也因此可以擁有許多共通話題。例如他們能一起追同一個偶像，彼此之間很容易交流。看看美國天后泰勒絲（Taylor Swift）開的世界巡迴演唱會，可以讓全球數億人同時追隨，她一個人幾乎代表了一個經濟體！《彭博社》報導就指出，截至 2023 年 10 月，泰勒絲舉辦的 53 場演唱會為美國國內生產總值拉抬了 43 億美元（約台幣 1,393 億元），這種事在 Z 世代出生之前是前所未見的。

再分享一個有趣的事實：美國的 Z 世代其實對於 911 事件並沒有深刻的記憶，他們大多數是從父母口中或歷史課本才知道這件事情。這點 Y 世代應該難以理解吧？因為 911 是 Y 世代一個決定性的全球歷史事件、是共同記憶，但是 Z 世代並沒有跟我們有一樣的感受，顯見不同世代之間，真的有顯著差異。

認識各種世代的行為特質

而那些因為年紀關係，目前還沒真正步入職場但遲早要加進來攪和的 α 世代，據我旁觀女兒和她同學們的表現，這些做為數位原生世代子女的族群，其實相當早熟。我指的不是生理、而是心理上的成熟。因為資訊隨手可得，α 世代對於「Google 搜尋」就和吃飯喝水般自然，如今 ChatGPT 出現後，善用這些生成式 AI 工具的人，可能只要問幾個問題，就能獲得所有想要的答案，可以輕易屌打其他人。

也正因為 α 世代的時間轉速和嬰兒潮、X、Y 世代完全不同，他們適應這個世界的速度實在太快，清楚世界是怎麼運作、答案應該去哪裡找，能夠迅速在某個專業領域取得進展，所以對那些放在腦袋、記住後就不會錯的硬知識，他們的來源絕對不會是師長、父母，而是懂得用網路找到答案的自己，也會讓他們變得缺乏耐心，遇事容易衝動。

這些專屬數位原生族群、Z 世代的特質，確實被帶到了職場。就我觀察，iKala 裡 Z 世代的同仁們，一旦發現問題就要立刻解決，並希望馬上看到結果和回饋；因為經常表現急躁、缺乏耐心，導致端出的成果品質未必好，或者是面對客戶再多幾次的來回要求時，可能出現情緒、不耐的反應，可是你又不得不讚嘆他們解決問題的方式，多元又富有創意。

反過來說，嬰兒潮、X、Y 這些年長世代的人比較平衡，對新技術的學習曲線既緩慢又陡峭，光是學拉個 excel 表格就要花上許多時間，遑論要對各種生成式 AI 工具得心應手，但他們的優點是較為圓融、穩定度高、守信用且重承諾，所以就出現了各有利弊、不同世代間無法溝通的情形。

我們辦公室長期流傳著一則則荒謬笑話，包括「嬰兒潮世代的手機字體都好大」「那個新人（Z 世代）來一個禮拜就希望能夠升遷」「X 世代……呃，還有人記得他們嗎？」「新人覺得客戶的態度不好，就不想做了」。我印象最深的

世代	出生年代	特　質
嬰兒潮世代	1946 ～ 1964	二戰後出生，較重視傳統和穩定。
X 世代	1965 ～ 1980	成長於經濟不穩定的年代，經歷傳統到數位時代的轉變，在職場上展現企圖心與忠誠度。
Y 世代	1981 ～ 1995	生活環境尚未高度連結，更關注地區、地域性的消息，開始習慣透過網路獲取資訊、溝通交流。
Z 世代	1996 ～ 2010	生活在高度連結的虛擬世界裡，對於國家、文化界限較為模糊，也容易有共通話題。
α 世代	2010 之後	數位原生世代，適應世界的速度快，擅長在網路找到答案。

不同世代的行為特質

是，iKala 一位 Z 世代員工面對 X 世代員工的開導時，當場開噴：「你 40 多歲的格局我不懂啦！」我聽到後，真是差點笑到倒地（X 世代表示……）。

拋棄先入為主，保持同理心和包容心

要是仔細想想，會發現這些笑話、歧異，其實多數都來自刻板印象和單點的偏見。因此對於跨世代溝通協作，我給 iKala 同仁的第一個指引是，拋開對自己年齡和人設的主觀認知。說白話點，就是不要管你自己幾歲、出身背景、從哪裡來或說什麼語言，要**拋棄主觀、拋棄先入為主的偏見，永遠保持謙虛和空杯的心態去學習理解每一個世代、每一個不同想法的人，進而展現自己的彈性**。

其次，我們必須具備「共學」概念，消弭彼此間的隔閡。iKala 致力打造多元共融（Diversity, Equity, Inclusion, DEI）的職場環境，例如規劃不分年齡的教育訓練、人才成長課程，讓資深、年齡較大的世代，直接觀察現在年輕人到底運用哪些工具解決問題；組織溝通也講求扁平，在主管挑選、新進同仁的招募上，完全不考量年紀，只重視不同職位所需的軟技能。當不同世代的人在這樣的條件與環境之下共處，共學就會自然發生。

在我看來，出社會比較久的 X、Y 世代，可以給予 Z、α 世代的，是耐心、細心、成長心態等軟技能；Z、α 世代能教給嬰兒潮、X 和 Y 世代的，則是解決問題的創意與不受限的幅度。有時候我拋一個問題給 Z 世代同仁，他們真的能迅速給你意想不到、眼睛一亮的答案，但嬰兒潮、X 和 Y 世代的閱歷與長久累積下來的智慧，對他們也不可或缺。等於不同世代間，彼此身上都有各自需要的東西。

另外，無論你是哪一個世代，有一天也會面臨與更新的世代相處的挑戰，保持同理心和包容心是我提出的長期解法之一。後面我會再細談同理心有多重要和可以如何培養，但能確定的是，在這兩個心態之下，我們才能展開各項溝通協作與領導管理。

希望所有人都理解，沒有一個世代能夠一概而論，我們的任何作為都只是某個時刻的寫照，因為每個世代都隨著科技在快速進化當中，不斷適應變成常態。謹記保持開放心態，讓即使是與我們價值觀迥異的人，也可以緊密合作，達成組織的目標。

Chapter —— 05

未來你的同事
可能會是機器人

人生在世，只需要機器的陪伴真的就夠嗎？

還是即便人有缺陷，我們仍然渴望面對面的交流？

我們的特別並非顯現在頭腦聰明、能發明出 AI 上，

而是因為能直面彼此，才會有化學反應、才會產生火花。

平常工作時，我已經很習慣使用 ChatGPT 和 Google Workspace 的雲端智慧助理 Duet AI（現已和 Gemini 整合），甚至經歷過一段想盡辦法把這些 AI 戳壞的時期（畢竟做壞事是創新的原動力）。

別讓機器虛耗你的生命

例如我曾經給 ChatGPT 一個很大的數字，要它做質因數分解，拆解這個數字到底是由幾個數相乘。這是很困難、會耗費許多計算資源的問題，可能出於 OpenAI 的限制，ChatGPT 先是拒絕我，說沒辦法分解這麼大的數字、超出能力範圍云云，我又不死心像引導小孩子一樣，要它一步步嘗試，結果它還真的開始做了。

但這其實不是重點，重點是和 ChatGPT 這樣一來一往、東拉西扯，讓我不知不覺花費了許多盯著電腦、與機器為伍的時間。後來我回頭檢視，發現有時候我的確很無聊，會一直想測試 ChatGPT 的極限，或是把它當成人找它聊天。沒想到有一天，我就被女兒罵了，她說：「你好像不需要朋友，反正你有 AI 就夠了。」（嚇）

女兒這麼一說，讓我細思極恐，驚覺這會是生成式 AI 帶來的改變。我們發明 AI 是為了將人類從電腦前解放，現在許多統計報告都顯示，生成式 AI 工具擁有強大的聽說讀寫、自動生成文本、圖像和語音辨識等能力，能提升工作效率、生產力，成為人們職場、生活中的標配甚至同事，要寫程式、寫文案都先找它再說。不過從目前的情況看來，AI 不僅無法將人類從機器前解放，反而還讓人類在機器前耗費更多時間，這就本末倒置了。

虛幻的「按讚數」正在侵蝕你

事實上，生而為人，我們永遠需要「面對面的交流」。古老的智慧說「見面三分情」，碰面就有情意在，凡事能有個轉圜餘地；心理學和神經科學也早就證實，當人與人面對面的時候，會不斷捕捉各種身體訊號，不光是聽取對方講了些什麼，還包括眼神、臉部表情、手勢、坐姿等，人們能藉由這些信號，拉近彼此距離。「斯德哥爾摩症候群」的狀況，就是被害者不會厭惡綁架或虐待他們的人，反而還產生情感，這就是因為人與人相處久了，自然會產生的依賴情緒。

但不只我在不知不覺間，耗費更多時間在電腦、AI 上，放眼現今社會，某些現象已經顯現人們對於「當面交流」意願的日益下滑。例如比起走出室內、到戶外活動，人們更願意花費大把時光在社群網站上；日本有些繭居族可以整整一週足不出戶，寧願在家中戴著 VR，在網路上和虛擬角色展開「孤獨式的群聚」。

在我看來，這絕對不是好現象，因為社群網站帶來的副作用，是「心智扭曲」。在現實生活中，你只有一雙眼睛、一雙耳朵和一張嘴，無法同時跟成千上萬個人交流，社群網站卻創造了這樣的場域，讓我們誤以為自己是跟一千個、一萬個人在交流。可是這些交流其實是破碎的，許多人會將自我認同建立在虛幻的「按讚數」上，但心理學家曾研究過，當過度把自信建立在他人的認同上時，會不知道自己是誰，人格完整性會被摧毀。

再者，社群網站其實只呈現了光鮮亮麗的一面，看別人曬車曬房曬名牌，看久了就覺得自己跟這些人的生活怎麼天差地遠，對現實生活的運作產生扭曲，以為所有人都過得更好。嘿，別忘了，家家有本難念的經，每個人都有過不去的坎，這才是人生的事實，社群網站的機制徹底扭曲了這件事。

對機器產生情感的事，只會多不會少

除了社群網站，值得一提的還有接下來會大爆發的「服務型機器人」與「陪伴經濟」。由於生成式 AI 能與人對答如流、會推理和理解，因應人口老化的照護問題，將生成式 AI 應用在服務型機器人、陪伴經濟上，已是許多人的期待。

兩位 Google 前工程師創立的 AI 聊天機器人公司「Character.AI」，運用大型語言模型，打造了各個具有角色扮演特質的 AI 聊天機器人，例如狂人馬斯克（Elon Musk）、任天堂的超級瑪利歐和已逝物理學家愛因斯坦等名人角色，都擁有大批粉絲，人們能和貼近明星、動畫人物性格的機器人盡情暢聊。

社群巨擘 Meta 自然也不會放過機會，2023 年 9 月跟進推出個性化的 AI 聊天機器人，至今大概推了數十個虛擬人，都有自己的名字、個性、Facebook 與 Instagram 帳號。

儘管人們在 Character.AI 上和「機器人」馬斯克聊天，問他今天做了什麼、晚餐吃些什麼，Character.AI 都會發布警語，說一切內容都是虛構的。但 2023 年 3 月，Character.AI 曾公布一項數據指出，他們的使用者平均每天會花兩小時與機器人聊天。矽谷創投看到這則消息後，可能會認為Character.AI 真是太棒了，找到殺手級應用、擁有大家需要的產品，值得投入更多資金發展。但我覺得這可不是什麼好事，兩小時的數字絕對是個警訊，說不定會造成嚴重的社會問題。果然，矽谷媒體一度披露，Character.AI 下架一個 AI 聊天機器人角色後，引發某個使用者極度不滿，前往創辦人住家門口抗議，大喊：「把我的虛擬伴侶還給我」。

對於時常感到孤寂、絕望，卻無人陪伴在側的人來說，聊天機器人確實是潛在解決方案，像 Character.AI 這樣對機器產生情感的事情只會多不會少。但其中的爭議點在於，人類的認知可能因此混亂，未來我的同事、朋友到底是真人還是機器人？

「與人交流」的技能將更重要

更重要的是，人生在世，又真的只需要機器的陪伴嗎？還是即便有缺陷，我們仍然渴望面對面的交流？**或許有缺陷，才是人類的獨特之處吧！我們的特別並非顯現在頭腦聰明、能發明出 AI 上，而是因為能直面彼此，才會有**

化學反應、才會產生火花。

更別說疫情期間，我們從技術思維出發，以為線上教育、VR、AR 的應用成型，以後或許根本不需要旅行了，結果疫情開放後，發生什麼事相信大家也看到了，機場天天都是人，觀光、商務旅行大爆發，這和當初的預想是南轅北撤。

所以在 iKala 裡，儘管 ChatGPT、Duet AI 等各種生成式 AI 工具一出現，我都要同仁去試玩、試用，不能跟不上科技發展和世界潮流，我們也的確看到年輕同仁對數位工具有著強大認知、在虛擬世界有很強的存在感，問題是他們在人與人之間的交流、互動能力就明顯弱化了。這也是我特別將「與人交流」列為員工必備六大技能之一的原因，畢竟與人當面交流的能力不只重要，還具有價值，當大家將時間花在機器、只想與機器溝通時，這項技能顯得格外珍貴且稀缺。

那為了增強「與人交流」這項稀缺技能，iKala 做了什麼？新冠疫情過後，我發現辦公室的目的和意義改變了，一百年來人類對辦公室最大的假設，就是「完成工作」的地點。但我們的調查顯示，38.1%的同仁認為在家工作及在公司工作效率沒有差異，42.5%的同仁認為在家工作效率較好，等於在 iKala，超過 8 成的人在家工作，反而有助整家公司生產力的提升。但要特別注意的是，同仁間因為太久沒有實際見到面，彼此的向心力卻降低了。

要能獨立作業，也要能 social

因此我們現在依照重要性，將 iKala 辦公室的功能，設定為人與人面對交流的場域、團隊協作的地點，以及安靜獨立進行工作的空間。硬體上，我們採取兩極化策略，既有開放式空間，也有方便個人完成工作、私密的「電話亭」。這兩種模式都是剛需，而且必須混搭。

平常一走進 iKala，左邊就是開放、寬敞的空間，有沙發、圓桌和高腳椅，工作累了可能拿點零食，來沙發小憩，與同事聊聊天，讓同仁快速充飽電力。獨立私密的電話亭，則提供給需要專注完成手上工作的同仁，因為裡頭有空調又安靜，有些人甚至燈一關就直接睡起來（適時休息也很好，iKala 之後如果要搬家，應該會再增加一倍的電話亭）。

另外，雖然同仁認為在家工作效率更好，我們也實施彈性上班，但疫情過後，我仍然要主管盡量叫同仁來辦公室，不要一直待在家。這不是因為我們要盯緊員工，而是疫情把大家關了幾年，同仁當面交流的機會愈來愈少，我覺得可能會扭曲心智。同仁來不來辦公室當然還是交由主管決定，有些主管一週只來兩天，在那兩天裡，他也會要求團隊一起進辦公室，因為那就是大家面對面交流的時間，所有人都有獨立完成工作的能力，可是共同討論、協作、打屁同樣重要。

再來是增加員工交流的機會。我們定期舉辦課程、團購與員工旅遊，例如人資會固定邀請外面的老師，來開設美術、繪畫等各種豐富課程，可能是畫水彩畫，可能是畫相同的東西，我就看過同仁一直畫圓圈圈，那其實沒什麼意義，就是大家一起紓壓，但每次只要開放報名都迅速秒殺。我們還會邀請廠商提供試吃，並鼓勵同仁跟既有客戶團購。現在安排員工旅遊已是每年的例行公事，但 iKala 超過 200 人，每次都要聚集這麼多人出門也不方便，所以我們還補助各部門經費去做 team building，我看同仁都很會玩，像是生存遊戲、唱歌、吃吃喝喝什麼都有，總之就是增強與人當面交流的機會與能力，維持大家的「心智正常」。

Chapter —— 06

鍛鍊同理心，大家一起升級

到了 AI 時代，

同理心這件事，比以往的任何時刻更加重要。

做為工作者，和共事者相處需要同理心、包容心，

團隊當中必然有許多需要妥協的地方，

如果你不在乎別人、不懂得換位思考，

就無法合作。

「自己都不想用的東西，就不要拿出去賣給客戶。」這是一直以來，我對 iKala 團隊耳提面命的一件事情。

用戶的身體最誠實

過去在 Google 工作時，我們最喜歡將「eat your own dogfood」（吃你自己的狗糧）掛在嘴邊，就是要大家先用用看自己做出來的產品。這是很棒的理念，後來這句話也被很多人致敬，廣泛用在產品開發。不過，一些產品團隊就停留在這個層次，把這句話直接當成內部使用者測試的一個 SOP，變成例行公事，完全失去原本的意義。

我印象非常深，以前曾遇到一位頗為自負的產品主管，雖然沒有太多工作經驗，但熱情滿滿、雄辯滔滔，學歷又高，整天把「eat your own dogfood」掛在嘴邊，我也放心把產品交給他。直到有一天，我請他和另一位同事展示產品的介面給我看，才發現他們根本沒將細節設計好，我指出幾個產品卡點之後，他居然開始想「說服」我，這些卡點都可以透過進一步的複雜操作來解決。也就是說，他覺得這些卡點並不是問題，是我自己沒搞清楚不太會用而已。

對於他喜孜孜覺得自己早就把事情做好這回事，當時我冷冷回了一句：「我如果覺得有點卡，那使用者同樣會覺得有點卡。」就這一句話，讓那位主管和一起來 demo 的同事當場閉上了嘴巴。

這個故事傳達了什麼意義？其實是「同理心」。在職場上，不論是設計產品、與同事相處，工作者最需要的無疑是同理心。就像我質疑的那位主管，他真的很想用自己做出來的東西嗎？如果他自己都不太想用，用起來都有點卡，那客戶為什麼會想用？為什麼不會卡？

天底下沒有人是靠著「說服」創造出使用者體驗，**「體驗是使用者一瞬間主觀的感受，你自以為產品有多好是沒用的，用戶的身體最誠實，而他們在用產品的時候，你根本沒機會在他們耳邊說東說西。**

使用者的體驗好，才會有商機

到了 AI 時代，同理心這件事，又會比以往的任何時刻更加重要。2023 年，我們開始認識 ChatGPT 和各種生成式 AI 工具，了解什麼是大型語言模型，許多人花時間埋頭在

AI 技術的鑽研中，但對企業、工作者來說，現在 AI 技術已經不是問題，最重要的戰場已快速轉進到使用者體驗和商業模式。產品開發者、企業要設計的是體驗，體驗設計和同理心恰恰又是一體兩面。

試想，當街上到處都是走來走去的機器人，當平常我們與生成式 AI 工具一起協作時，AI 要是答非所問，甚至擋在人們會經過的動線上，不是會造成使用者的負面觀感？

所以站在使用者的角度，帶著同理心設計體驗，會是每一個產品開發者、工作者的準則，畢竟這是 AI 第一次從幕後走到幕前，第一次可以與人類這麼自然的對話、交流，所有人都還不清楚該怎麼與 AI 互動，那是非常困難的新挑戰和新機會，要是人類對產品體驗不好，就無法從 AI 創造出可行的商業模式。

從對方視角思考問題的能力

在產品設計之外，做為工作者，我們和同事相處同樣需要同理心、包容心，尤其面對不同世代的同仁，彼此都要試著同理對方，是出於什麼原因會有這樣的想法、舉動。

我記得之前女兒有一次上暑期資優班時，一班大約有10 幾位同學，老師要學生抄完聯絡簿後才能離開教室，結果有個男生因為動作特別慢，只見同學們都紛紛完成抄寫、出去玩耍，就剩下他一人還在那邊抄寫，當場急得哭了出來。我和太太要求女兒每天寫作文，當晚女兒就把這件事詳實記錄下來，其中有一段話，她是這麼寫的：「XXX 也不用為了這種事情在那邊大哭吧！要哭也是回家再哭。」

看完她的文章後我非常驚訝，詢問女兒怎麼會在旁邊冷眼旁觀？不是應該想辦法去安慰同學嗎？這還真不是有同理心的人應有的表現。

後來我當然藉此機會好好教育女兒一番，同時也回頭想到，以後我們要天天相處的同事，可能因為家庭背景、成長環境不同，造就每個人成為獨一無二的個體。但最直接的衝擊，就反映在產品設計、與同仁的共事上。如果設計產品時沒有同理心，就不會感受到不方便，就會覺得反正我自己懂了，這樣就夠了。

可是你應該要想到，有些人或許沒有你那麼聰明，是不是可以再改進一下產品使用流程？又或者是與同事意見不合時，能不能設身處地從對方的角度出發，思考是什麼原因讓他提出那樣的想法？

既然知道同理心是滿足顧客、設計出好產品和提升工作效率的關鍵，到底可以怎麼培養？如果能從小就開始當然最好，因為人愈長愈大、腦迴路逐漸形成後，要再養成會有難度。

要是小時候沒有這樣的機會，iKala 則會藉由團隊合作，從「團隊意識」帶出同仁的同理心，原因是團隊當中有許多需要妥協的地方，如果你不在乎別人、不懂得換位思考，彼此就無法合作。

一個人跑得快，一群人走得遠

我最喜歡舉 NBA 傳奇球星卡爾．馬龍（Karl Malone）的例子。曾二度獲得最有價值球員、綽號「郵差」的馬龍，在猶他爵士隊待了 18 年，始終拿不到總冠軍，2003 年他為了一圓冠軍夢，投靠了擁有俠客．歐尼爾（Shaquille O'Neal）、柯比．布萊恩（Kobe Bryant）和剛簽來蓋瑞．培頓（Gary Payton）等知名球星的洛杉磯湖人隊，這四個人不僅被封為「F4」，還讓湖人隊立刻晉身為奪冠大熱門。

湖人隊確實打入了當年的總決賽，過程卻是跌跌撞撞，歐尼爾因為薪資問題，整季都忙著與球團鬧不和，還得分神和小老弟布萊恩爭當老大，馬龍自己則是一直被舊傷困擾，最終讓湖人在總冠軍賽時，以 1 比 4 不敵東區的底特律活塞隊。所謂一個人跑得快，一群人走得遠，這證明了就算聚齊四個超級明星，但你自己超級強沒有用，團隊最後還是可能輸球，成效未必比四個臭皮匠好。

我另外還想到，我曾玩過一款 2D 線上遊戲「Passage」，老實說這個遊戲滿無聊的，就是一個捲動式、從左走到右，類似超級瑪利歐的遊戲，隨著玩家一直往右走，玩家的人生就持續前進。記得到某個關卡時，玩家可以選擇要不要結婚、組成家庭，如果決定結婚，身邊就會多出一位夥伴，可是在繼續往右時，你會發現有些路突然過不去了，原因是兩個人會卡住整條路，不過在後面的關卡，你可能又會因為和夥伴相互扶持，拿到更多寶物。後來我就領悟到，儘管這個遊戲設計得再爛，它想傳達的正是「團隊意識」。

團隊合作的關鍵是必須考慮到別人，畢竟**團隊意識不是你好就好，要公司好、大家好才會一起好**。古往今來，無論從事科學研究還是身為企業裡的一員，**團隊的意義在**

於能成就個人無法成就的東西，即使在現今的AI時代，我們可以用各種生成式AI工具放大自己的生產力，可以去斜槓、賺超級多錢，可是如果沒有辦法團隊合作，和一群人一起去打造一個知名品牌、一個很強的產品，能創造的成果終究有限。

我從小在台灣求學，大學畢業後前往美國念碩士，東、西方的教育都受過，我發現我們受的教育都以追求個人成果為先，而且在個人考試上，沒有人考得過中國大陸、台灣、日本、韓國等亞洲國家的學生，但是一群人一起合作專案時，卻沒人做得過美國人，因為他們廣納移民、帶來多元性，團隊合作的能力很強，創意激盪與突破速度相對更快。儘管美國崇尚「英雄主義」，蘋果的精神領袖是賈伯斯（Steve Jobs）、特斯拉（Tesla）的代表則是馬斯克，要是沒有一整個團隊在背後合作、被操個半死，iPhone和特斯拉電動車這樣的顛覆性產品絕對不可能問世。

這也和東、西方處事模式的差異有關，東方人面對事情通常較被動，會放任疙瘩在心裡滾成大雪球，等到願意發表意見，都是到了問題非常嚴重的時候，但那時許多事情往往已經到了無法收拾的地步；相較之下，西方人更直來直往，上班吵架，可能下班就又麻吉麻吉了，還會一起去喝杯小酒。

溝通的真諦是理解，不是說服

為了讓同仁具備團隊意識，進而養出同理心，iKala 主要從「加強溝通」著手。我想我們在職場上都遇過這樣的人：討論的時候都不講話，討論結束後才不斷放馬後砲，這對團隊效能的優化毫無幫助。所以我們灌輸每一位同仁，他們負有「主動」溝通的責任，如果有疑惑、或是不認同組織發展的策略等等，就應該在適當的場合公開或是私下提出，藉由主動溝通及討論為自己解除困惑。

這裡要特別注意的是，溝通不等於「說服」，溝通的真諦是「互相理解」，嘗試認識和自己不同膚色、外貌、性格的人，花時間和對方相處，理解為什麼對於同一件事，你們的看法會如此天差地遠，團隊意識、同理心就是在這樣的過程中，逐步產生。

以前經常在課本讀到，人類需要「和平」跟「愛」，當時覺得這是什麼東西？真是陳腔濫調。後來在求學、工作、創業的過程中，才逐步感受到同理心實在是個重要的軟技能，是讓社會可以持續運作下去的關鍵因素。

當科技日新月異，很多人認為只要會上網 Google、會用 ChatGPT，就能解決各種問題、就能增強能力，但是當人與人之間不再需要互助，人們只會變得愈來愈自我、愈來愈冷漠；加上 AI 詐騙橫生、地緣政治和宗教衝突等種種因素影響，這些都會導致人類社會的整體信任感下降。

不管身處什麼環境，試著融入團隊，習慣和不同性格的人協作並換位思考，相信一定能逐步養出自己的同理心，進而對組織效能產出貢獻。

關鍵思考

- 生成式 AI 的設計與運作，是為了理解你、跟你有互動，提供靈感和想法，所以不會很精確，甚至會有不同視角。
- 只要你多花點心思，讓 ChatGPT 與你互動，它幾乎能教會你所有事情，畢竟它是從許多專業知識和大量資料萃取出的智慧結晶。
- 生成式 AI 會取代我的工作嗎？別擔心，只要對它有正確認識，讓它來輔助你，就不用怕有一天會被機器取代。
- AI 時代將是「強者愈強、弱者愈弱」世界，容易產生「超級明星」效應，在 AI 輔助之下，一個厲害的工作者，一人抵十人也不奇怪。
- 當 AI 世界變化快，「自我覺察」更為重要，你要從內而外清楚自己是怎樣的一個人。唯有了解自己的優缺點，才知道如何發揮潛力、彌補弱點。
- 許多人會將自我認同建立在虛幻的「按讚數」，別忘了，家家有本難念的經，每個人都有過不去的坎，這才是人生的事實，千萬別過度把自信建立在他人的認同上，忘了我是誰。

Part 2

學習與思考

與AI共處，
你的腦袋不能外包

Chapter —— 07

成為心態開放的雜學者，深耕專業

未來一個專案從頭走到尾，絕對不會是單一領域可以解決的。

AI 是放大器，必須加上其他領域的專長才會有效，

我建議大家要當一個逆向操作者，趕緊去深耕自己的領域，

從中長期來看，我相信這種人會勝出。

前陣子看到全台各大專院校公布各科系的轉入和轉出統計，頂大工學院部分科系學生升大二時，申請轉系的超過兩成，其中多數想進入資工、電機和光電等電資領域科系。老實說，看到這份統計，讓我相當憂心。

不是人人都需要變成 AI 專家

AI 無疑是這幾年業界、市場上最熱門的關鍵字之一，許多學校甚至因此紛紛增設人工智慧系、大數據系或雲端相關科系。大家似乎覺得，如果不念資訊工程或不念 AI，未來好像就會毀了——但這是完全不對的。研究報告和實務經驗已經證實，AI 展現最高生產力的領域，不是產出文案、翻譯、會議記錄，反而恰恰是「寫程式」。在生成式 AI 問世後，科技巨頭們的裁員新聞，三不五時便有所耳聞，可見如果沒有善用 AI、躋身頂尖行列的軟體工程師，其實也是人人自危。

科技巨頭在 ChatGPT 問世之後的一段時間，一邊大幅裁員，一邊卻持續網羅頂尖的 AI 人才，這是一個強烈的訊號，顯示對於資工系或電腦科學系的學生就業環境結構已經開始快速改變，未來這個領域只有頂尖的人才能夠存活，薪資待遇和職場地位將呈現兩極化、贏家全拿的趨勢。

而說穿了，頂尖的 AI 人才其實也就那麼一丁點，有多少人在這個領域能夠躋身頂尖之列呢？

現在學習 AI 已經不是一個目的，而是為了將 AI 應用在不同領域，因為 AI 本質上就是要在多元領域、既深入且又廣泛被應用的技術。就連 AI 自身的許多突破，還是借用來自不同領域的概念。比如說在深度學習中，我們說的「類神經網路」，指的是軟體工程師運用生物神經元的概念來設計神經網路，讓神經網路模擬生物大腦的功能，用於學習和識別複雜的模式，這就是來自生物學的思路。

2023 年以來，也有許多專家利用生成式 AI 的突破，將 AI 用在自己的研究領域上，我前陣子就看到有人用 AI 研究「鳥語」。平常如果去大佳河濱公園堤防邊，會看到鳥兒在那邊嘰嘰喳喳，有時候鳥群還會像兩軍交戰一樣對飛，然後在中間停下來講一堆東西，接著突然又散掉。你知道這些鳥在交換訊息，卻從來無法確定牠們到底在講些什麼。

於是就有專家想到，何不用生成式 AI 來試試？因為 AI 擅長找出模式，能從看似雜亂的鳥叫聲，尋找重複出現的模式，並藉此判斷在這個情境之下，反覆出現的聲音語調，可能表示鳥是在找東西吃，或是處於生氣等等各種情緒狀態。

好，問題來了，這些運用 AI 去破解鳥到底在說什麼、研究鳥語的專家，起碼得是個昆蟲學家、具備相關專業背景吧？至少要知道眼前是哪一種鳥，清楚不同鳥之間的智商差異何在，比如說鸚鵡的智商就特別高，可以活 50 至 70 年。當具備各領域的專業知識，才能在深度跟廣度上再去發揮、應用 AI。

AI 只是基本款，跨域深耕才能勝出

從以上兩個例子可以看出，我們不應該再糾結於一定要念資訊工程、要念 AI，要選理科而非文科，因為當你把 AI 當成工具，應用在不同學科中時，就該打破二選一的區分。我強烈建議大學要讓 AI 變成通識課程，讓「跨領域學習」趕快發生，未來一個專案從頭走到尾，絕對不會是單一領域可以解決的。

以往會單獨設立資訊工程、資訊管理這些科系，是因為資訊科技還在發展階段，尚未全面進入人們的生活中，可以

相對獨立。就如同電力一樣，為什麼過去電機系會這麼紅？因為20世紀就是電力時代，到後來電機、電控工程、電子物理等科系、組別紛紛冒出頭，還有人在討論電嗎？就變得比較少了吧。而且電機工程系的畢業生也不會人人都去研究電，他們是看如何應用電。一旦進入應用階段，大學就不會有個系叫「電力系」。

AI以後也會是這樣，我們永遠需要AI人才沒有錯，卻並非「我現在趕快選資訊工程」的思維，這好像假設以後就只有資工系，其他什麼都沒有。我一直強調，**AI是放大器，必須加上其他領域的專長之後，才會有倍數相乘的成果，和別人的差距也會跟著拉開**。做為一個逆向操作者（contrarian），應該試圖將人文跟工程跨域融合，在工程之外趕緊去深耕自己的領域，去加乘人類在每個領域的發展速度。從中長期來看，我相信這種人會勝出。

我知道很多人會有疑問，那我們到底應該如何看待程式教育？我的答案是，除非你進入資訊業，工作很明確就是AI工程師、資料分析師、資料科學家，需要專精、投入AI技術的研究，否則只要知道程式語言的存在就可以了。

進階的程式語言對一般人來說，愈來愈沒有急迫和必要性。你可以把程式語言當作一個興趣嗜好，當成稍微提升工作效率的小工具，但不要覺得不會 Python 就會失去很多東西，完全不會。市場上這幾年已經出現許多無程式、低程式碼的軟體，這些軟體有簡單明瞭的使用者介面，已經被包裝得非常好用，更重要的是，就算真的是科技小白也沒關係，因為 AI 會直接引導你使用軟體。

過去使用者介面是死的，你可能要學習 A 按鍵、B 按鍵的作用分別是什麼，有了生成式 AI 後，它能推理、理解你的行為，當你卡住、不知道該做什麼的時候，它會偵測你的行為，並且主動跳出來詢問：「你現在是想完成什麼工作嗎？」這種引導式、智慧化的介面會開始出現。

以戰代訓、做中學，不用急著選科系

在強化跨領域學習、盡量雜學之外，我認為劃分科系、專業的時間也應該延後。台灣的學生在高二時，就要面臨理工科和文科的抉擇，然後不管選哪一科，進了大學後就幾乎少有機會能窺探其他領域的樣貌。這部分美國可以做為一個很好的參考，美國多數的大一生不需要決定主修，他們在大一、大二的時候，能依照自身興趣選擇專業科目，並且盡情修習各種通識學分。台灣的大學必須打破科系的分界，先不分領域地鼓勵學生多多修習通識課，等到大二、大三再選系。

當人類的學問已經累積得太多，導致每一件事情都必須是常識的時候，太早劃分科系的意義不大，畢竟每一堂課都是通識課，光是通識課就修不完了。

我知道有些學校已經開始這麼做了，但擴散速度或許還要再加快。如果高校能打破既有的科系結構，重新分配預算、培養師資，讓學生具備跨領域技能，對下一代的培育一定會更好。

而且從企業的角度來看，**現在是「以戰代訓」的時代，到企業實習、從「做中學」反而更重要**，還在拚數學、物理和化學那些術科，比誰記得多、誰背得好，這實在太老掉牙，還不如讓學生到餐飲學校實際學習做菜、炒菜更有價值，因為他們可以學到更多，就算有知識鴻溝，也能自行倚靠各種唾手可得的工具，輕鬆弭平差距。

現今不論是媒體的報導、社會的氛圍，對於該學什麼、怎麼學，打從一開始就將理工科、文科一刀切，然後是一窩蜂地選擇資訊相關科系，遑論再往下討論到體驗、沉浸在背景各異的文化中。我建議政策制定者、領導者一定要趕快注意到這件事情，打破學科的界限，鼓勵學生跨域學習，將AI、程式設計、英文等專業能力都列為必修，讓擁有不同專長的人都一起共學。

如果我們能撥出一些時間去吸收更廣博的知識、更多元的文化，人才的樣貌應該會變得很不一樣。

文化衝擊可以打開世界觀

而或許我自己的歷程，也可以給各位讀者做為一個參考。我和大多數在台灣受中學教育的人一樣，必須在高二做出選擇，成為一腳踏進理組的學生，但從小到大在各種性向測驗中，我一直是理性與感性各半的人，每次測驗的結果都是「文理都可以」。造成這個結果的原因，除了先天性格之外，還受到家庭背景、求學經歷和自身興趣的影響。

大約 80 年前，我的外公林鐘隸先生在日本上市公司兼松株式會社擔任經理，待在日本很長一段時間，後來回到台灣，也持續與日本往來，投入台灣、山東和日本三地間的遠洋漁業生意。1984 年，他響應台灣政府和美國一起發展半導體的政策，拿出一筆資金成立矽品集團。所以我外公一直以來都只會講台語、日文和山東話，他是聽不懂國語的，外婆也是完全不會講國語，但日文超強的狀態。

外公的日本背景自然影響到我媽媽。媽媽是很日式的人，守紀律、要求準時、愛乾淨，一切都要有秩序和有條理，我是沒那麼嚴重，但多少有點「龜毛」（東西沒對齊我會渾身不對勁，平常花很多時間調整簡報排版），所以在長大的過程中，日式教育對我的影響是滿深遠的。

大學畢業後去美國念書，我又陷入另外一個極端裡。儘管小時候曾經去美國玩過，但我第一次感受到強烈的文化衝擊，就是去美國攻讀碩士的時候。當時我在史丹佛大學念書，不只是課堂制度完全不一樣，西方師生互動的方式也和過往經歷不同。

台灣人非常尊敬師長，會說老師、教授、醫師好，有下對上的感覺，但我的外國同學是「水平式」對待師長，會直接叫老師的名字，比如說老師的名字是麥克，同學有什麼疑問就會說：「麥克，我有個問題！」老師也不覺得這有什麼。但對我來說這就很顛覆，因為我們從來不會直呼爸爸、媽媽、老師的名字，美國人卻認為每個人都是獨立的個體，在成年之後就是平等的，沒有誰需要依賴誰，稱呼上自然不受拘束。

拿到碩士學位、加入 Google，開始投入一些專案後，衝擊又更直接了。我和來自全世界的人合作，尤其網路科技公司在當紅的狀態之下，一切都講求快速，美式作風又更強烈，同事間的對話都很粗暴，「不要」、「你做的不對」、「我今天不想看到你」這些東方人聽來不客氣的話他們都會直說，但同事並非對你有惡意，他們只是就事論事，希望快速解決問題。

抓住文化差異，做出更好的獨立判斷

我自己後來回頭檢視，去美國對我完全是一個文化衝擊，去那邊與其說是念書，不如說是去吸收不同的文化。在比較美國和日本文化的差異後，我歸納出美國人強調直接、直來直往，日本則是對話間接、很多潛台詞的一個民族，這些文化有好有壞，但最慶幸的是還好我都經歷過，而且在吸收、融合台灣、日本跟美國三個地方的文化後，塑造自己成為今天這個樣子。也就是遇到不同的人事物時，我可以從各種視角去看待、檢視，有辦法理解這個人為什麼這樣說話？為什麼這樣做事？但是很多人因為缺乏跨領域的經驗、雜學的經歷，不會去客觀以對任何事物。

文化的多樣性，是造就一個人獨立非常重要的因子，因為在不同文化下，同一件事情的做法會很不一樣，但各種做法其實沒有什麼對錯，純粹就是習慣和文化的差異。**當你能夠抓到各個文化的差異時，就可以產生後設認知，**知道同一件事情有沒有更好的解釋，甚至參考其他文化，提出更好的做法，否則大家做決定的時候會全部依賴慣性。而這種後設認知，是要經歷不同文化洗禮才會產生的。

Chapter —— 08

當 AI 成為日常，對人文的需求更強

把時間拉長了來看，人文的重要性一定會再提升。

因為當生成式 AI 發展成熟，

文化活性將成為商業價值所在。

在文化保存、商業產出的每個環節，

都需要文科生大展身手，

這將會是文科生和創作者的黃金時代。

iKala 的客戶中，有許多來自教育科技、非營利組織、出版業、補教業和線上教育的業者，我向這些專家們請教了非常多對於未來教育的看法，大家都有志一同地指出：AI 雖然帶來教育的挑戰，但機會其實遠多於挑戰，尤其是對現在被認為無法賺大錢的文組和文科生來說。

多學一種語言，就是多學一種思考方式

我始終堅持自己的立場，當這一波生成式 AI 發展成熟之後，絕對會是文科生和創作者的黃金時代。

首先，我對於「語言的學習」相當樂觀。雖然有許多論調認為人類不需要再學習外語，畢竟以後只要用機器翻譯就可以了，但我認為這完全錯誤，我堅信自然語言的學習只會因為 AI 而變得愈來愈重要。

我會這樣認為，有幾個主要的原因。

首先，AI 的成本還持續在降低當中，以後 AI 會被當成水電一樣自然在使用，AI 因此也會成為最好的語言助手和老師，生成式 AI 已經可以做到文字轉影像、影像轉聲音、影像轉文字、文字轉文字，在各種內容媒介間無縫地轉來轉

去，連帶造成學習一種新外語的成本也會一直降低。很快我們就會看到借助 AI 的力量，快速學習各種外語的傑出人才，這些人精通的語言數量，將會比一般人還要多，在職場上將會具備強大的競爭力，因為他們可以在各國的談判桌上進行各種商務談判。以前我們沒有 24 小時隨時待命的語言家教，現在我們有了。

其次，人與人之間的交流還是非常重要，手機上的 AI 現在已經可以做到即時翻譯，讓兩個語言不通的人對著手機講話就可以溝通，以往《哆啦 A 夢》裡面「翻譯蒟蒻」的場景終於實現了。不過，還是有那麼一點點不同，相較於兩個人可以用同一種語言交談交心，使用手機的「翻譯年糕」終究多了一些摩擦力和心理上的隔閡，讓我們無法自然地建立深度連結，而這種深度交流是不會被 AI 取代的。

最後，多學會一種語言，就是多學會一種思考方式和多理解一種文化（兩者其實是一體兩面，文化影響了我們思考和做決定的方式）。所以，學習語言不只是關於能夠記住多少單字、或是考試能拿多少分。而是除了多了一項工具能夠與人深度交流之外，也能學習到這個語言背後的文化。講得更實際一點，說多種語言可以更豐富我們的社交生活、交更多來自不同背景的朋友。因此，學習語言是我們獲取多元思考的能力非常重要的一個過程。而多元思考的能力在可見的未來，都會是重要的競爭優勢。

注入 AI，讓文化重新活起來

而談到文化，也因為現在生成式 AI 的興起，我們正在從「數位典藏」（Digital Archive）的時代，進步到「智慧典藏」*的時代。

過往講「數位典藏」，純粹是將紙本資料數位化並存在資料庫中，圖書館檢索系統就是最好的例子，你可以在系統上查書、檢索全文，就這樣，沒了。

但「智慧典藏」指的則是每一個人都可以用足夠低的成本去訓練一個 AI 大腦，把一些稀有的資料餵給這個大腦，保存我們累積下來的智慧，這些資料能與你互動，要是資料過多，它甚至還可以推理，找出意想不到的一些連結或關聯。

就以語言做為直接的例子，相信大家都有印象，捷運每次到站，都要把所有語言唸一次唸到差點唸不完，彰顯每個語言的重要性以示公平。但現在我們可以把世界上所有的稀

---

* 智慧典藏（Intellectual Archive），此處指餵給 AI 一些特定文化素材，保存前人智慧，並以動態形式保存、活化應用。

有語種放在 ChatGPT 裡面，讓它永遠被「智慧典藏」下來。當這些語言可以被永久保存時，我們就不用擔心使用人口減少而被滅絕，不用因此再急著要把這些語言置入在必修課程當中，不用擔心找不到稀有語種的老師，我們可以保留學習、與這些語言互動的機會。

文化的保存也是一樣。我們現在演繹某個文化的時候，可能是小朋友去考察那個時代的服裝、建築形式，以及人們互動的風格。但注入 AI 後，不只可以保有資訊、文化的殘骸，還能保持「文化的活性」，讓各種媒介直接以那個文化風格與你互動。比方說我可以保存林布蘭、畢卡索、梵谷的「風格」，讓 AI 要畫幾幅仿林布蘭、仿梵谷的畫都行；又或者是參訪故宮博物院，欣賞中國古代秦朝兵馬俑的展覽時，不再需要拿著一台很乾很無聊的導覽機聽解說，反而能直接與會說方言、虛擬的兵馬俑互動，享受智慧典藏帶來的全新文化體驗。

未來只要覺得好玩，你能創造出秦始皇、趙高、達文西等任何存在歷史上的虛擬人物，只要認為有商業價值，你甚至可以叫日本的虛擬歌手初音未來去講河洛話，而且這一切都能用合理的成本被做出來。後續要是在其中找到發展機會、商業模式，那些逐漸被淡忘的文明，曾經被視為沒有經濟價值、只能靠補助的文化，都將重新被活躍，這是以前完全做不到的。

AI 需要人文的調教訓練

所以，當 AI 跟人文、社會科學高度緊密相關，當文化活性成為商業價值所在，語言人文、社會科學重不重要？當然重要。在文化保存、商業產出的每一個環節中，文科生都有在裡頭大展身手的機會。

從 OpenAI、Google 到 Meta，目前都是西方世界在發表大型語言模型，那些模型理所當然都是由大量的英文資料訓練出來的，等於現在的 AI 是由英文主導，英語又再一次強化它的語言霸權地位。

相較之下，繁體中文用的人少，在世界上是少數語言，連測試的資料集都不完整，更不要說台灣還有人說台語、客家話、原住民語，裡頭又有一些在地化的俚語，這些東西都是少數語言，大家的重視程度很低。

但因為 AI 需要訓練和測試的資料，還是有專家在訓練繁體中文的大型語言模型。2023 年的聖誕節，iKala 便在完善測試資料後，宣布開源 TMMLU+ *繁體中文大型語言模型測試資料集。這個大型語言模型測試資料集，就像一份 word 檔，裡頭有繁體中文、台語、客語的各種測試資料，使用者可以直接下載回去，當成是一套完整的考卷跟答案，給自己正在訓練的大型語言模型測測看，檢視它的繁體中文、台語、客語能力好不好。任何語言工作者、歷史學家，不論是用什麼模型，只要是用繁體中文跟 AI 在協作的，也可以運用 TMMLU+ 測試集，提升既有 AI 模型對少數語言的處理能力。目前這個測試集已經在 AI 開源社群平台 Hugging Face 上，占據全世界前幾名的資料集一陣子了。

老實說，TMMLU+ 的爆紅讓我有點意外，畢竟這是技術人員才會比較在意的事，但我後來推敲，覺得廣受歡迎的原因，應該是出於大家還是很關心自己的文化會不會被消滅、能不能被保存。也因為關乎語言、文化，都需要相關領域的人從旁協助，那這些人從哪裡來？不就是念外文系、中文系的學生嗎？我們對於中文的運用經常積非成是，一字多義、多字一義、語義理解和解讀、俚語的正確性，這些錯誤都得經過他們的專業調教、整理，資料集出來才會乾淨漂

* 由 iKala 開發的繁中「大規模多任務語言理解數據集」（Massive Multitask Language Understanding），可測試繁體中文大型語言模型表現能力。

亮，最終訓練出的 AI 才會有用，寫 AI 的軟體工程師哪會調教這些繁體語言、東南亞語言的模型？

人文領域將再次強大

現在學校大砍語文科系、學生轉資工系看的都是短線，當把時間拉長了來看的時候，人文的重要性一定會再提升，語言人文、社會科學科系要做的是轉型而非廢系，我看到有些科系已經開始動起來了。前陣子有個大學老師告訴我，他們學校的中文系現在分成兩組，傳統組別學的是文字學、聲韻學、訓詁學等中文系必修科目，另一個「程式組」則研究語言模型，帶領學生對 Python 爬蟲這種設計語言有基本認識、有能力對 AI 下指令，進而能將 AI 運用在像是甲骨文研究等工作上，這是完全正確的方向。

千萬不要聽信「以後不需要學習外語」、「念文科沒未來」這種論調，情況正相反，語言人文、社會科學這些原本大家認為沒什麼搞頭的領域和科目，都將再次發揚光大，「大家要學更多外語」、「念文科將在 AI 的商業應用有所發揮」這兩點，我相信很快就會反映在統計數據上。

Chapter —— 09

邏輯、表達和語文能力是決勝關鍵

我常說，一家好公司是溝通出來的，

尤其愈高階的主管，花在溝通表達的時間比例要更高。

若想強化溝通、表達能力，不妨從做筆記、寫作下手，

另外，當需要進入思考狀態時，我常會離開電腦，

改用手寫來思考，充分享受當中的儀式感和沉浸式體驗。

「AI 會不會取代人類」榮登近年來我最常被問的問題，位列第二名的，則是「人人都必須學習程式語言嗎？」

學好自然語言，一魚兩吃

AI 時代，資料科學家、軟體工程師等等職位炙手可熱，全球湧現程式教育風潮，108 課綱更直接列入程式語言，整個社會的氛圍好像不學程式語言就會落於人後。我的確認為 Python 會是未來重要性僅次於英文的語言，但注意，英文還是排在 Python 前面。那英文是什麼語言？答案是「自然語言」。

說得再直接粗暴一點，**程式語言只能動員機器，自然語言則能動員人類，只要你自然語言學得好，就能叫得動程式語言學得好的人為你做事**，因為溝通、表達、演說、簡報、心理諮商、安慰、激勵這些人類社會的基本要素，都得透過自然語言達成。

回顧整個人類發展史，不論你是寫了一本激勵人心的小說，或是你發表了一場讓人情緒激昂的演說，目的都是期望動員人類去產生行動，想想非裔美國人權運動領袖馬丁．路德．金恩（Martin Luther King, Jr.）那場史上最著名的演講〈我有一個夢〉（I have a dream），擁有出色的溝通、表達能力，恰恰就是有些人能夠功成名就的主要原因。

要是覺得金恩博士離我們太遠，那以我擔任 iKala 執行長的經驗來說，公司的大小事通常必須倚賴團體合作才能達成，因此領導者的價值就在集結同仁，發揮「1 加 1 大於 2」的成效，而這些，統統必須倚賴口說的自然語言。

更別說我們現在和 ChatGPT、Gemini、Copilot 對話時，愈好的自然語言、愈精準的指令，就能獲得更好的結果，等於那些以前就善用自然語言動員人類、擅長與人深度溝通的，現在還可以再動員機器，AI 詠唱師、提示工程師等新興職業正是這麼來的（雖然這些職業未來還會不會存在有待商榷）；要是每次和人交流都只會談論天氣、詢問吃飽沒這種無聊沒料的內容，遑論指揮機器來為自己完成任務。在我看來，學習程式語言是一魚一吃，學好自然語言則是一魚兩吃，當人們可以同時跟人類、機器溝通，當然要先以學好自然語言為主。

偏偏據我多年觀察，東方人就是不善溝通，回顧我們的教育歷程，總習慣單向接收師長的指令，最後成了成績好、表達能力卻欠佳的樣板學生。但真正創業、當了老闆後，我深刻發現要營運一家公司，還是要靠溝通表達。我現在其實離第一線的執行事項已經很遠，即便仍然有動手做的能力，但很多時候，我的工作內容就是不斷通過口語、文字進行各種表達。

把 100 分講成 60 分，不就虧大了

我常說，一家好公司是溝通出來的，所有同仁都無法置身事外，尤其愈高階的主管，花在溝通表達的時間比例要更高，到最後甚至必須接近百分百。一間新創在草創階段，首先要說服投資人相信你，但憑藉的是什麼？就憑你說了一個好故事；ChatGPT 問世、大型語言模型備受矚目後，iKala 快速將生成式 AI 導入產品，推出能即時回答各種雲端問題的 CloudGPT、優化搜尋網紅的產品 KOL Radar，將新產品擴及市場就需要許多對外溝通。試想，如果客戶無法藉由你的說明了解產品，怎麼可能進一步選擇採用？

我經常遇到一些專業能力極強，卻連一句話都講不好、詞不達意的人，不論在生活中、職場上都很吃虧。尤其現在

所有人都處在高度競爭的環境，即便專業能力稍微弱一點，但要是溝通和表達能力夠強，能把 60 分講成 90 分，一樣能獲得青睞。相對的，如果你已經做到 100 分了，講出來卻只有 60 分，真的會非常可惜。

放眼社群當道、人類高度連結的世界，好點子、好文章都能在一夜間傳遍千里，那些非常善於表達的人，可以很容易累積和發揮他的影響力（也因此自媒體興起，個人品牌大於企業品牌），這是以前沒有的機會。與其現在浮浮躁躁、分散資源，不如聚焦做出一個經典溝通，只要傳遍全世界，後續的目標將能更順利達成。

真正進入思考狀態，我會離開電腦一下

那溝通、表達能力該怎麼強化？這可以談談我在擔任 iKala 執行長之外，最感興趣的事。

我曾想過，如果我不是 iKala 執行長，那我會做什麼？我想大概會是作家吧。每次寫完一篇文章，我總是神清氣爽，有很強的自我實現感，因為透過寫作，我將複雜的知識用有條理、精簡又容易理解的方式，在社群上讓所有人閱

讀、了解，要是讀者有所反應，願意進一步與我交流、討論，我就會覺得那天做了件不錯的事。

其實做筆記、寫作就是溝通、表達能力和邏輯架構的訓練。我在參考橋水基金創辦人瑞．達利歐《原則》後寫下的《Sega 使用手冊》中，曾提過自己記性很好，從來不做筆記，但到了大四的某一天，我突然就開始寫筆記，並從那之後一路手寫、勤做筆記至今。這並非我記性變得不好（強調），而是隨著網路時代到來，我發現人們很容易分心，而筆記、寫作是整理自身想法，外加沉澱、舒壓、放鬆的方式之一。

我的筆記算是寫得整整齊齊，還會依據重點標註不同顏色，讓自己的想法在紙上一目了然，包括最近聚焦的技術、還沒搞懂的事。像是我們在研究的 AI 模型、神經擬態的晶片，我都會用主題分類、加上標籤一一記下。**通常真正需要進入思考狀態時，我會離開電腦，轉換成寫字的方式，充分享受緊接而來的儀式感和沉浸式體驗**。都說要是進入「心流狀態」，會感受不到時間的流逝，能讓人生產力爆增，寫字就能讓我靜心並進入心流狀態。不是說它多有效率，而是在寫筆記的過程當中，我會邊寫邊想，讓資訊在腦中停留一段時間，空出想像、暫停的空間。如果用電腦打字，就是聽到什麼打什麼，快速輸入、輸出，訊息在腦海不會停留太久。

寫作力下滑，溝通表達能力也會變弱

至於寫作，我則有一個重要原則：如果我沒辦法把一件事情，用很簡單的方式告訴所有人，表示我根本沒有理解這件事。表達能力的重要在此再度印證。我經常在社群發文，就是身體力行實踐這項原則。

愛因斯坦曾說，**如果你無法以淺顯易懂的方式解釋一樣東西，表示你根本不了解那個東西，即便再複雜的知識，都有簡單表達的方式**。

在「學習金字塔（Cone of Learning）」裡，有講課、閱讀、視聽、示範等各種學習方式，每種方式的「知識牢記率」略有不同，而金字塔上最厲害、能讓學生達到90%吸收程度的，是「教導他人」，意指**將想學的東西先自己吸收一次，再教給別人，會擁有最佳的學習效果**。要特別注意的是，寫作又跟閱讀不太一樣，看書是你會將許多知識放在腦海，可是你有整理它、能清楚說出來嗎？我想未必。但寫作就完全一次觸擊到整理、描述兩大技能。

直到現在，我都非常認同愛因斯坦的話和學習金字塔，堅信艱澀如量子力學的物理理論，也不需要一開始就從數學公式看起，反而可以先藉由寫作，用大白話的方式描繪出概念，再慢慢導引入門。

這項原則實踐到後來，你會發現要把一件事情講得簡單易懂，其實更花時間，因為你得一直消化、咀嚼、組織，還要考慮到有些人可能會看不懂，文字不能太難。做到化繁為簡從來不是易事。

所以我還會透過不同形式強化、點綴表達能力，例如我超愛蒐集哏圖，比起家族出遊、紀錄照片，我最大的一本相簿是哏圖，只要看到哏圖就收，這也是和讀者、觀眾溝通的方式之一，有時候用哏圖表達，觀眾會更有共鳴，吸收能力會更好。

先前有老師指出，台灣學生的寫作能力正以雪崩的速度在下滑中，背後代表的是我們下一代的溝通、表達能力正日益低落。出於自己的信念和大環境敲響的警鐘，現在太太每天會要求女兒寫作文。沒有小朋友喜歡寫作文，肯定覺得壓力山大，但我們會用引導的方式，詢問女兒今天看了什麼書、在學校做了什麼事，週末時我們去哪裡玩、經歷了哪些事，這些都可以成為作文題目。剛開始女兒會寫：「昨天跟爸爸去吃冰淇淋，覺得很好吃。」就這樣，沒了，整個冷掉。後來我們試著導引她回想，自己吃了什麼冰淇淋，冰淇淋的口味是甜、清爽還是膩，吃完後是喜歡還是不喜歡（其實也很像在逐步誘導 AI 回答一些困難的問題），一次、兩次、三次之後，女兒能更清楚表達想法，如今她已經能一口氣寫完一篇 1,000 多字的作文。

在高度連結、人人忙著爭搶注意力的社群時代，與其抱怨臉書掌握演算法，不如去加強投資近乎零成本的寫作、溝通表達能力，畢竟好東西向來傳播得更快，在社群網站上寫一篇好文章，絕對會快速放大影響力。而當有了流量，不就掌握了從數位時代裡脫穎而出的武器嗎？

Chapter —— 10

「解決問題」是最有效的學習

AI 「以終為始」的特性，開始影響到人們的學習模式，

以 PBL 為基礎的「專題式學習」，

強調透過參與真實世界相關的專題，獲取相關知識與技能，

而且提出的解決方案，也充滿著無限的發展可能。

2016 年，DeepMind 的 AlphaGo 以四勝一敗的成績擊敗世界棋王李世乭，引發全世界譁然。AlphaGo 戰勝人類，是因為懂得分析棋譜進而得出最佳棋步，象徵著 Google 的機器學習技術又前進一大步。

也由於人類不見得理解 AlphaGo 每一步棋背後的原因，所以現在在圍棋界，有些專業棋士回過頭來研究 AlphaGo 是怎麼下出每一步棋，然後再據此提出一些新的下棋戰略。

先從結果切入，再回溯學習

AI 帶來的這種「以終為始」現象，其實不只影響圍棋的發展，還翻轉了數學、化學、物理、生物等等各個研究領域。基本上，它會先把所有的結果用暴力法全部窮舉出來，提出新的數學公式、新的物理發現，你人類自己再去研究為什麼，等於完全顛覆了科學研究的方式。

而如今，這樣的「以終為始」，也開始影響到人們的學習模式。

我念大學時有門課程叫「計算機概論」，是電腦科學的入門課，內容包括計算工具的沿革、電腦的作業系統、網際網路等基礎知識、架構和應用，就算是文科生也有機會選修這門課。不過這應該是專屬於我那個年代的產物了，AI 時代類似的對標課程應該會是「AI 概論」，說不定高中、國中都會開，等於是最新一代的「電腦概論」。

我認為以後「AI 概論」的教學、講述模式必須是「以終為始」，不必像過去一樣，從頭介紹 AI 的技術，反而是先告訴學生最迫切需要理解的 AI 應用知識，包括 AI 現在可以做到哪些事情、能夠協助解決哪些問題，如果學生有興趣、有需要，再決定要不要深入學習電腦領域。

比方老師可能會說，有了生成式 AI 之後，我們到日本旅遊時儘管對日文不太熟，但擁有「翻譯年糕」這類工具，就可以和日本餐廳、旅館的服務人員溝通無礙。如果是和電腦相關的資訊，則是先告訴你未來我們操作 Office 時，一定要了解哪些快速鍵的使用，才會得出比較好的結果（Windows 11 作業系統就將出現「Copilot 鍵」），接著再一路往下解析 AI 是怎麼被訓練出來的，是因為專家給了它哪些資料、讓它去怎麼樣的學習等等。待大略解釋 AI 的學習方式後，再回到以前電腦概論的領域，講解演算法、資料結構、CPU、GPU 的運作。這就是我想像中未來通識課「AI

概論」的樣貌。

以終為始，更貼近真實世界

也正因為 AI 這樣以終為始的特性，會讓接下來教育、職場上的運作，都轉為以 PBL（Project-Based Learning）為基礎的「專題式學習」，這種學習方式可以讓學習者透過參與真實世界、個人相關的專題，獲取相關知識與技能，而且提出的解決方案，更充滿著無限的發展可能。這其實不是什麼新鮮的學習方式，我們本來就應該這樣學東西，歐美地區的學校也早已蔚為流行，只是 AI 帶來的以終為始現象，又讓 PBL 變得更加重要。

PBL 最知名的專案，我覺得是 SpaceX 執行長馬斯克說他要送人類上火星這件事。過去幾十年來，儘管探測器前往火星的任務已經有了顯著成功，但想讓人類登上火星，仍然是個巨大挑戰，依照現在的技術，人類起碼要耗時六個月才能抵達火星。而 2002 年 SpaceX 成立時，馬斯克就說要帶著人類移民火星，他也真的正在開發、測試可重複使用的重型運載火箭星艦（Starship），持續朝目標邁進。像馬斯克這樣，盡情去挑戰一些困難的題目，並窮盡一切資源、技術為了這個目標而努力，就是 PBL 的學習方式。

再舉個例子，Google 早期曾希望透過熱氣球，為特定地區的人們提供快速穩定的 wifi 連網服務，後來卻因為被視為間諜在做的事而終止。但全世界還有 27.3 億人無法上網（截至 2024 年），請問還有沒有好的替代方案？有。後來馬斯克提出星鏈計畫（Starlink），主要是透過低軌衛星群，提供覆蓋全球的高速網路接入服務，讓沒有網路存取地區的人能夠上網。

專案為基礎的學習，更能有效解決問題

由此可見，主管、老師要提出的專案、訂定的目標，就是像移民火星、星鏈計畫這樣盡量「開放式的題目」，從淨水及衛生、降低碳排到責任消費及生產，可以是全球關注的議題，也可以是很困難的永續發展目標（Sustainable Development Goals, SDGs）問題，內容都是具有延展力與想像力、規模非常大且困難的。要讓學生、員工單獨或是組成團隊執行都沒關係，他們可以使用各式各樣任何想得到的工

具、課本、知識，要用 ChatGPT、Google Gemini 等生成式 AI 工具也當然沒有問題。

我太太和女兒的共學，也是採取 PBL 模式，她們至今已經依據兩個主題，共同創作出兩本童書。由於太太的表述能力很強，特別重視文字教學，能逐步引導女兒像編劇一樣，編出童書裡的故事內容；既然是童書，裡頭就必須有繪畫元素，但是太太畫圖畫得……嗯，不太上手。以前這可能是個問題，可是現在有了可將文字轉為圖像的生成式 AI 製圖工具 Midjourney，她和女兒對 Midjourney 下指令，就能繪製出故事需要的圖案。繪本風格非常混搭，有時甚至會摻雜一些海綿寶寶、浦島太郎樣貌的人物（顯然 Midjourney 有偷吃海綿寶寶的素材來做訓練），但母女倆玩得開心、有所收穫就好，而且過程中也學會使用生成式 AI 工具。

特別要注意的是，PBL 會影響評量方式，學校、企業對學生、員工的衡量，勢必要有所調整。因為在 AI 時代，考選擇題、填空題、申論題寫作文，這些你哪裡寫得過生成式 AI？ChatGPT、Google Gemini 隨時都可以幫你做出精準的判斷，接著產生文章，人在這些標準考試當中已經輸給機器，未來是不是還需要考試也很值得商榷。

所以當我們去評價一個學生的學習成效，不能再用考試成績或者是任何單一的指標來做衡量，而是要以整體的專案來檢視。比方說如果我現在上一堂程式設計的課，專案分數的占比可能會從以前的 50%，提升到超過 80%，甚至於我全部都以專案執行的過程、成果來做評量。同樣的，對學生來說，完成多少並不是唯一重點，在過程當中展現了怎麼樣的學習能力、軟硬技能，才是檢視自己有沒有收穫的關鍵。

在職場上也一樣，檢視一位員工的表現，不能只看單向產出。以往軟體工程師做出像 Google Maps、YouTube 般漂亮的產品，就會覺得自己好棒，而客戶只是一個統計數字，不關我的事。但就算程式寫得再好，要是賣不出去怎麼辦？對此，現在 iKala 同樣是遵循「以終為始」，執行 PBL 模式，針對 AI 服務組成團隊，讓研發人員也往前到商務端支援，先去了解客戶的需求，再決定要做什麼。

在 AI 帶來的以終為始現象下，我相信以專案為基礎的學習模式，是未來教育、企業想產出最佳成果的解方之一。我們之所以學習，除了追求真理之外，目的本來就是為了解決更多實際生活中遇到的問題，AI 只是把這個學習的初衷給整個帶回來了。

Chapter —— 11

鍛鍊自己「問對問題」的能力

接收到一個問題時，

更好的做法其實是先退一步去看待問題，

與其急著立刻做反應，不如先質疑問題的真偽，

唯有當你問對問題，才代表準備好真正要去解決問題。

2016年，世界經濟論壇（World Economic Forum, WEF）發布〈2016未來工作報告〉（The Future of Jobs Report 2016），當中分析2015年和2020年幾項最重要的技能包含批判性思考、協同合作、協商能力等，雖然這兩年的10大工作技能排名略有不同，但位居第一始終不變的，是「解決複雜問題的能力」（Complex Problem Solving）。

在「霧卡時代」，問題不再單純

世界經濟論壇能直接點出這件事情的確非常厲害，也相當有遠見，一般人也許不會把「解決問題」當成一回事來討論。畢竟我們從小考試考到大，寫填充題、答是非題和選擇題，哪一天不是在解決問題？但世界經濟論壇提出的「解決複雜問題」，點出我們身處「霧卡」（VUCA）*時代，每天接收從媒體、社群網站、通訊軟體四面八方湧來的爆炸訊息，所有人的手上幾乎永遠都只擁有片面的資訊，等於每個人經常都必須在不確定的情形下，做出決策和提出有效的解決方案，並且付諸實行。

再加上AI如今全面滲入我們的生活，由於AI本質上就

---

* VUCA是易變性（volatility）、不確定性（uncertainty）、複雜性（complexity）和模糊性（ambiguity）的縮寫，形容持續變動中的狀態，後亦延伸用於商業管理、企業經營領域。

是可以被跨領域應用的技術，又會牽扯到多領域的思考，人們已經不只要面對「單純的問題」，更必須解決許多「複雜的問題」。

舉個例來說，2023 年底，《紐約時報》控告 OpenAI 和金主微軟侵權，指出 OpenAI 與微軟在未經授權的情況下，擅自使用《紐約時報》的內容，用以訓練生成式 AI。

想想吧，如果你是 OpenAI 共同創辦人暨執行長奧特曼（Sam Altman），面對這起官司時，你要考量的是什麼？你該把這個事件定義成一個怎麼樣的問題呢？這是公司的危機？還是公司的機會呢？當你靜下心來思考一下子，就會發現這件事情牽涉內容、科技、法規、著作權、公司營運等多個領域，是一個相當複雜的問題。

比如說，奧特曼可以選擇強力反擊，認為資本的力量可以輾壓和無視法律，只要我有錢，誰來告我我都不怕，我只要一心一意讓 OpenAI 變得夠大，這些路上的絆腳石都會被我一個一個踢開。世上沒有錢不能解決的問題，如果有，就用更多的錢。但這樣做未來會不會有一天讓我身陷囹圄呢？

或是，奧特曼可以直接釋出善意，與紐約時報達成授權協議，就跟 OpenAI 在 2023 年底與歐洲最大的媒體集團

Axel Springer 達成授權協議一樣，支付費用合法取用內容。但繼續這樣做下去，會不會導致全天下的內容廠商和媒體廠商都來跟我要錢呢？

還有更多更多其他的決策選擇可以用來回應這個事件，但重要的是，每一個選擇帶來的後續影響可能都相當深遠，而且無法預測，這就是我們現在面對的霧卡時代。你完全不知道每一個決定未來帶來的影響會是什麼，也是為什麼解決複雜問題會是這個時代最重要的技能。

順帶一提，奧特曼面對《紐約時報》的控告，選擇了一個相當令人問號的回應方式：OpenAI 反擊《紐約時報》，指其違反 ChatGPT 的使用者協議，「駭」了 ChatGPT 吐出這些侵權的證據資料。而這個回應的箇中盤算到底是什麼，只有奧特曼自己知道了。

要解決複雜問題，得先「問對問題」

但擁有「解決複雜問題的能力」談何容易。

解決複雜問題還得有個前提，你必須先「問問題」，而且還得「問對問題」。我自己把「問對問題」當作解決問題的先修課，如果你連問問題都不會的話，那很可怕，因為你可能會問錯問題。同樣的，這件事在 AI 時代又變得更加重要，因為你和 AI 的問答會將這件事情放大，ChatGPT 或 Gemini 給你的回覆品質，跟你問問題的品質高度相關，你問得愈細、給它的設定愈清楚，它就能給你更好的答案。

所以問問題絕對是基礎教育當中，比程式設計更重要的東西，裡頭還有技巧，包括你有沒有開口的膽識？你能不能一直問下去？這都是需要刻意培養的技能。有些人天生就很會發問，因為他比較不怕丟臉，覺得問問題是很直覺的事，反正有問題就問，和吃飯喝水睡覺一樣稀鬆平常。

還記得我剛到史丹佛大學攻讀碩士的第一個學期，有個義大利同學在「數值分析」的第一堂課就直接舉手發問：「老師，請問學生證要去哪裡拿？」當下大家都滿頭問號，心想你有毛病嗎？學生證跟這堂課有什麼關係？自己沒去參加新生訓練就算了，為什麼要拿這種問題來問一個專業課程的老師。沒想到老師非常有耐心，回答他學生證應該是在行政大樓領取，還好心告訴對方那棟樓要怎麼走，我當時白眼都要翻到後腦勺了。

但之後每次上課，這位同學還是像《哈利波特》的妙麗那樣，一直舉手問問題，結果到了學期末，這位同學問的問題已經太深、我已經聽不太懂了，他就這樣一路從白痴的問題問到中等、深入、到極度困難的問題，我們親眼看著這一學期他透過問問題來讓自己快速成長。這是我第一次深刻體會到「問問題」的力量。

勇敢坐在第一排，不要怕發問

後來我體悟到，這位同學和老師在一問一答的互動過程中，雙方都在持續進化，因為你教導一個人、對方再反問問題，彼此間其實是在共同學習。當那位同學拋出一個個疑問時，表示他已經有很強的求知慾，整個人彷彿海綿，處於準備吸收答案、將知識好好放到腦袋裡的狀態，而教的人則會因為一再複述，變得更熟悉自己講述的內容。

相反的，如果是自己回去圖書館查資料，學習反饋的循環都太長了，真正有效率的反饋循環就是採用問答方式。西方教育非常強調這一點，你為什麼不舉手？你為什麼都沒問題？要是一直很安靜，老師甚至會覺得你是不是身體不舒服。

這件事給我很大的啟發，因為從前在台灣念書的時候，我就習慣躲在教室後面，沒想過要坐第一排，老師只要點人問話一定是先低頭，深怕點到自己。這種現象在台灣應該很普遍，每個人八成都是這樣長大的。

可是當我到了國外，看到那位義大利同學之後頓時醒悟，自己不能再這樣下去，一定要先破除心理的枷鎖，勇於開口問問題，否則會失去很多學習機會。在西方人的觀念當中，學習的機會是要自己把握的，老師只是來告知課程內容的其中一個人，要不要學是你的事情，他們不會為你的學習成果負責，真的學不會就請你先想想，當時怎麼會沒有舉手發問？不敢開口的原因是什麼？學習的責任在自己身上。

所以我現在出去演講，看到第一排都沒有人坐會滿感慨的。我不太知道大家在怕什麼，其實真的沒什麼好怕的，台上的講者比你還緊張好嗎？一切都源自於我們自己錯誤的預設行為（內心小劇場），可能會覺得問問題很丟臉，怕自己看起來很笨拙。

讓子彈稍微飛一下，別用膝反射找解答

另外，我還注意到「有問題找解答」是人們的膝反射，**但當接收到一個問題時，更好的做法其實是先退一步去看待問題**，比如說管理階層看到匯率跌了，會急著想做避險規劃，結果過沒幾天又發現，匯率好像又穩定了，等於當初的問題根本已經不存在了。

在知道問對問題、解決問題有多重要之後，我舉一個身為 iKala 執行長曾經遇到和解決的一個問題：「台灣找不到軟體工程師該怎麼辦？」

我首先會思考的是：「『台灣找不到軟體工程師該怎麼辦』這個命題是對的嗎？台灣是真的找不到軟體人才嗎？」這就是我說的，要先提出對的問題，並且不要用膝反射做出反應。如果組織抽絲剝繭後發現，其實台灣根本不缺軟體工程師，也許有一批人在哪個社群裡，只是我們沒有主動去發掘，那麼這個問題從一開始就不成立了。

不懂得質疑問題的真偽，就代表還沒有準備好真正要去解決問題。

要是確定命題成立、台灣真的找不到軟體工程師，要再

往下提出解決方案，就要思考台灣找不到軟體人才的原因是什麼？因為缺工嗎？為什麼缺工？從我們第一手的資訊和經驗來看，可能是我們發 offer 給一個軟體工程師，會被半導體大廠以多 50%的薪水挖走，所以究其根本，造成台灣軟體業缺工的一個原因，是因為傳統的 IC 半導體大廠現在也開始要搶奪數位的人才，準備建立自己的「ABC（人工智慧、大數據、雲端）人才庫」。當順著這樣的邏輯與步驟，確定問對了問題，就可以透過系統性的思考和自己具備的各種軟硬技能，提出相應的解決方案。

身處高度不確定的世界，處理大小問題已經成為個人、團隊的日常，能夠有條不紊地分析、拆解和處理一個個複雜問題，已經如同世界經濟論壇所言，毫無疑問是 21 世紀最重要的能力。

Chapter —— 12

批判性思考能力夠強，才能駕馭 AI

如果一個人不思考，AI 真的就比你厲害。

能對一件事提出自己的想法、展現獨立的判斷，

你才是特別的。

如果我們只是靠一些硬技能活著，

那跟機器不就沒什麼兩樣了嗎？

對 ChatGPT、Gemini、Copilot 下指令，要它們寫程式、撰寫商業文件、翻譯、激發靈感……，它們不僅會照單全收，還能做得又快又好，看起來幾乎是十八般武藝樣樣精通。我們一方面驚豔於生成式 AI 的表現，又不免衍生人類會不會被取代的擔憂。但目前起碼有一件非常顯而易見、AI 做不到的事情—— AI 不會批判性思考。

我認為「批判性思考」是人類的最後一塊淨土，是將人類與機器區隔開來的最重要元素。就算 ChatGPT 再怎麼會寫程式、會翻譯，Midjourney 再怎麼會繪圖，機器人甚至還可以唱歌跳舞、模擬人們的動作，AI 終究不會主動去做些什麼事，除非你指揮它，否則它平常就是在那裡等待你的指令。

什麼是人類和機器最大的區隔？

具備「主動性」的批判性思考能力，或許是現在我們少數領先 AI 的技能之一。

相較之下，人類就很不一樣了。我們先別講到「批判性」，退一步單單講「思考」就好。人類因為會思考，會消化今天、昨天遇到的大小事，會在為事物注入自己的生命經驗後，對同一件事情產生不同的感受，就是我們現在還有優勢的地方。

雖然有人會說，機器也能連結遙遠的事物，也很創新呀。每個人對創新的定義不同，很多時候創新是連結兩個看似不相關的東西、是組合出來的，而 AI 因為能夠推理、找出因果關係，進而連結知識，所以現在看起來，AI 確實具備我們所定義的「創新能力」。

可是若仔細分辨 AI 和人類的產出，還是會發現其中有所區別，例如 ChatGPT 撰寫的商業文件、文案，儘管詞藻優美，結構卻常常工整到失去「個性」。連一個輕鬆的話題都硬是要做到起承轉合，最後還要來個總結，真的很彆扭。所以對於 AI 一般的文字創作，我們目前還是可以分辨的。和 AI 一比，人類可能打錯字、產生邏輯謬誤，但這某種程度也彰顯了人類的獨特性吧。

說來說去，關鍵其實還是在於人類願不願意動腦思考，如果一個人不思考，AI 真的就比你厲害。我問你意見，你老是回答「沒有」、「都可以」、「不清楚」、「想不出來」，那我不如改問 ChatGPT，畢竟它還會像搜尋引擎一樣，給我一些答案，即使是胡說八道，它也一定會生出個回答，激發我的靈感和想法。

要是再從「思考」延伸到「批判性思考」，則是關乎對於一個簡單的題目，你能不能提出自己的觀點，而非人云亦云。當你能針對一件事提出自己的獨特想法、展現獨立判斷的能力，你才是特別的。這不只是造就每個人與眾不同的原因，而是人也必須與機器做出的區隔。不然我們如果只是靠一些硬技能，每天就在世界上活著，那跟機器到底有什麼兩樣呢？

第一眼看到的東西，不要馬上買單

水能載舟，亦能覆舟，現在資訊氾濫，將影片中主角換臉的深偽技術（Deepfake），早已是警政機關不斷宣導的詐騙方式之一；生成式 AI 被普遍使用後，雖然提升了人們的生產力，同樣也被大量用在詐騙犯罪上，產製出人類無法分辨、以假亂真的圖片和內容，再影響搜尋引擎，將虛假的結果排在前面帶風向，讓人們輕易點擊進去後還再主動轉發，假訊息就這樣被沒完沒了地傳遞。

所以回到批判性思考為什麼是人類最後一塊淨土？iKala 為什麼將批判性思考列為員工必備 6 大技能之一？就是要告訴同仁，面對高度不確定的世界，我們更需要具備獨立思考、多方求證的能力，不要立刻相信第一眼看到的東西。這樣做的首要好處是不會被騙，其次則是會得到不一樣的觀點。

我曾經拿一個顏色特別的咖啡杯來做實驗，問了三個人這個杯子是什麼顏色，沒想到三個人給我的答案完全不一樣（銀色、灰色、和黑色）。這個經驗讓我印象相當深刻，因為對於一件這麼單純的事情，每個人的答案居然都不一樣。

你就可以知道，當我們面對更為複雜的問題和事情時，每個人的觀點會有多麼不一樣了。

所以，**永遠要戴不同的帽子來思考事情，並且不要以為每個人和你想的都一樣。**

多看、多聽、多閱讀，培養獨特性

我自己從小就喜歡追根究柢，很希望理解世界運作的原則，如果我一直搞不清楚一件事情到底怎麼運作，會非常苦惱，所以在一路受教育、學習的過程中，我很自然養成有意識閱讀不同領域書籍、看各種戲劇和電影的習慣，從世界經典名著、諾貝爾獎文學獎得主的作品、日本的推理小說，到心理學、社會科學、物理化學等等各類大部頭的書籍，我什麼都看。這一方面有助於求知，也因為將非常多的東西吃下肚，讓我成為一個扎實又雜學的人，可以戴很多不同的帽子，從多維度去思考。

比方說 iKala 做的是 B2B 生意，推出 AI 網紅數據服務「KOL Radar」，是要讓行銷人員迅速在平台上找到合適的網紅，因此原先的服務設計都以行銷人員為出發點，期望提供更精準的數據。但生成式 AI 問世後，我不斷思考該如何優化 KOL Radar、可以如何注入相關元素時，就試著將議題拉出原本熟悉網紅行銷的領域，做出一個 KOL Radar 的外掛，讓行銷人員瀏覽各個網紅的 Instagram 時，能直接在側邊拉出一個儀表板，檢視網紅的互動率、價值高不高，當場為網紅做出評價與分析，等於還附帶防詐騙的功能。

從這個例子來看，在產品設計也好，商務的策略也好，我想挑戰的是既有的假設。現在全世界的網紅行銷市場規模一年達 211 億美元，並且有將近 30% 的年成長率，非常具有發展潛力，因此我們運用資料分析的核心能力，在行銷科技上面主打網紅行銷是理所當然。但我又覺得能做的應該不只是這樣，社會現在最嚴重的問題之一就是詐騙，我們資料分析的能力這麼強，能不能從既有的領域往下延伸，藉由提供更詳實的資訊，進一步防止詐騙？跳脫出原有框架、從另外的角度檢視一件事，就是批判性思考能力的展現。

同理可證，想養成批判性思考的能力，多看、多聽是先決條件，不論是閱讀、旅遊、和人交流都行，完全不需要擁有很高的智商、很好的邏輯，都不用，你只要稍微看得多一點，就能獨立提出自己的論述，有不同的觀點，接著再往周邊做連結，基本上就已經具備了一定的批判性思考能力。

現在太多人擔心會被 AI 取代，不妨試著培養自己的批判性思考能力，擁抱人之所以身為人的專屬特質，展現我們有別於 AI、機器的價值。只要**別活得像 AI，就不會被 AI 取代；不要把你的腦袋外包，就不會失去價值**。

Chapter —— 13

打破慣性，培養成長心態

人類是習慣的動物，要發覺自己的慣性並不容易，
但擁有成長心態的人，會對身旁的事物產生好奇，
就會在工作流程中發現新工具，
然後學習到新的事物。

對於「學習」這件事，許多人都存有一種刻板印象，覺得離開學校之後，學習就完成了。但我們身處資訊爆炸的世界，科技又不斷推陳出新，**現在的學習哪裡有所謂的「完成」？事實是，每一天都會有新東西出現，可能這個月學的技術、吸收的新知，下個月就不太一樣了。**

以我自己來說，從求學到創業，我對程式語言的快速突破就很有感。2007 年蘋果推出首代 iPhone，接著是智慧型手機開始為全球帶來顛覆性的改變，當時我已經在 Google 工作，也就是從那個時候起，我突然感覺整個世界都在加速，連程式語言也是日新月異，一直更新、迭代，天天壓力很大、非常焦慮，花許多時間思考自己到底要押寶什麼技術，以免走錯路。

生成式 AI 出現，所有事情都在加速

後來不同領域的科技也有各式各樣的突破，例如過去幾年基因編碼被破解了，成本快速降低到每個人都能用；自駕車突然在某些範圍可以商用；馬斯克的 SpaceX 成功發射火箭，以前誰能想像到這是一個私人企業可以做的事情？物

理發展到整個量子力學重新被搬到檯面上，量子電腦似乎很快就要進入我們的生活……等等，更遑論我每天都在接觸的AI。

近來我最有感的「劇變」，就是2023年11月，OpenAI只花了一週不到，就讓共同創辦人暨執行長奧特曼走完下台到回歸的流程，原本一場過去要演好幾個月甚至幾年的職場宮鬥劇，根本是開了兩倍速在快轉，我們可能開個會、幾個小時沒刷X（前身為「推特」），情況就整個變了，害我整天在Facebook做這個宮鬥劇的即時轉播，都沒在工作（誤）。

我想強調的是，生成式AI出現之後，所有事情的加速度更快了。ChatGPT、Claude等工具沒隔多久時間就可以讀更快、更多的文本，回應的文法更漂亮；程式設計師會反過來用語言模型去研究程式語言，檢視有哪些瑕疵，我最近看到無論是Python或是JavaScript等程式語言，抓到bug和迭代的速度都變快了。

各個大型語言模型的迭代也相當驚人。OpenAI在2022年11月底推出ChatGPT，4個多月後就推出新一代的語言模型GPT-4，奧特曼已經預告，GPT-5會很快問世；Meta

在 2023 年 2 月發布大型語言模型 Llama，隨後 7 月又立刻公布了 Llama 2；Google 則是在 2023 年 12 月一口氣發表了 Gemini 全系列模型。

另外，生成式 AI 訓練、落地的成本和時間，同樣正在快速縮小。以寫程式來說，程式設計師通常都有自己慣用的編輯器，就像我們平常喜歡用 Office、Workspace 一樣。而以往一個 AI 模型出來，大家一定先詢問要把這個模型掛在哪裡？該怎麼用？如今隨著整合方案陸續推出，微軟可以讓 AI 自動寫程式的外掛「Copilot」，就被迅速植入到不同的開發工具當中。說穿了程式設計師不用再去思考要怎麼部署模型，只要下載一個編輯器，裡頭的生成式 AI 便能直接協助編寫程式。

也因為 AI 的迅速發展，要說 2023 年我最大的驚訝之一，就是 arXiv 這個論文公開存取網站，每天都有數百篇關於 AI 的新論文上傳，這個 AI 熱潮是我前所未見的，代表世界又出現了更多最前沿、最尖端的研究結果。而當你接收到這些巨量資訊，以及了解這些科技突破是由多少知識堆疊出來時，你會發現再怎麼學，好像都只能學會一點點東西。

所以面對這些變化，還覺得學習是離開學校就結束的嗎？不，從小聽到大的「終身學習」可能有點陳腔濫調，但在現今這個時代，絕對是必備的了。

有成長心態，更能打破慣性

要特別注意的是，終身學習又跟「成長心態」連動。「成長心態」是史丹佛大學心理學教授卡蘿．杜維克（Carol Dweck）提出的思維，她認為擁有成長心態的人，有高度學習意願，通常願意努力達成自己重視的事情。

根據杜維克教授所說，其實成長心態的根源就是「好奇心」，如果沒有好奇心，就不會想要學習、探索新事物，因為你沒有求知的慾望。在東方世界裡，經常看到大人會對小孩子說「不要多嘴」，要是問太多問題，自己反而會被當作問題解決掉；但西方教育總喜歡強調好奇心，2005 年蘋果創辦人賈伯斯在史丹佛大學畢業典禮上，送給畢業生的忠告是「求知若渴，虛心若愚」（Stay hungry, Stay Foolish），言下之意就是要莘莘學子們保持好奇心。成功大人物重視好奇心的原因，在於好奇心正是實踐成長心態的關鍵因子，是邁向終身學習的動力來源。

觀察一個人有沒有成長心態，從有沒有慣性就能看出來。有些人會有工作慣性，比如說我們在整理試算表的時候，會計可能會一直按滑鼠的右鍵，剪下、複製然後貼上，不斷重複這個動作，如果你懂得使用鍵盤的快捷鍵，就會知道「Ctrl 加 C」代表複製，「Ctrl 加 V」則是貼上，把這兩個動作加起來搭配運用，可以省去非常多時間。可是這麼直覺、容易讓人上手的動作，有些人就是不習慣，始終還在用老方法，全部用滑鼠叫出選單一個一個點，一來一往之間，花費的時間、生產力的差別就非常大。

據我觀察，人類是習慣的動物，要發覺自我的慣性非常困難，但是那些真正有成長心態的人，會對身旁的一切事物產生好奇、發出疑問，例如一旦在工作流程中發現新工具，主動詢問那些工具是做什麼用的、能如何被使用，這就是因為具備成長心態，進而意識到自己有慣性，然後藉著學習新事物來打破慣性。

培養終身學習能力的三階段

那麼，成長心態、終身學習能力可以如何培養？它其實是有步驟的，通常必須經歷自信、自我管理跟自學三階段。

首先，培養自信是自我管理和自學的基礎。如同前文所提，我真的碰到很多人的觀念就是我離開學校太開心了，終於可以不用再讀書了，這表示他完全沒有走到自學這一步，光是在前面的自信和自我管理階段就出了問題。

「自信」首先是一切的根源。自信可以連動到成長心態，唯有相信自己學得會一項專業、一樣技能，才能帶著好奇心往下探索。以我做為父母的立場，當然可以壓著孩子學所有技能，但是要壓著學到什麼時候才能放手？父母會老、會累，不可能隨時隨地盯著孩子，所以建立孩子的自信是第一步，有了自信就不會畏懼困難、害怕出錯。有些人還沒開始學就說自己不懂、不會，不願意嘗試，這正是缺乏自信的展現，只是很多人沒有察覺到這件事。

如果具備自信，進入到下一階段的「自我管理」，指的則是要懂得收斂和管理，不能什麼都學，就算你要做一個π型人，頂多挑兩三個專業來聚焦，剩下的當跨領域嘗試就好。

這時候又要搬出女兒了。女兒什麼專業、才藝都想學，還表現得很主動，比如說她想學跳繩，就自己拿著跳繩去找學校的高年級姐姐，要對方教她。這種事我是絕對不會做，因為我的個性向來害怕和陌生人接觸，但女兒會，而且這個傾向還讓她不小心學太多東西。她學了跳繩、美術、樂器、弗朗明戈舞、民族舞、英文、一些國中先修的 STEM（Science, Technology, Engineering, Mathematics）課程，最近又在學書法，隨便數就十來項，每一項都是她主動要求，也都找了老師指導，行程比我還滿，我們在家還要再幫她複習。

可是每個人一天就 24 小時，她早上必須到學校上課、每天九點就寢，哪裡來的那麼多時間？搞到最後我和太太都非常頭疼。後來我們就跟她商量，不如美術課先暫停一段時

培養終身學習能力三階段

間好不好？反正現在已經有基礎了，之後真的有多餘的時間、還有興趣再學，她想了想，好不容易才同意。

從這個例子可以看出，女兒對學習很有熱忱，覺得把東西學會她超開心。這的確是很難得的特質，很多人是擁有一大堆火種，卻怎麼都點不起來，女兒則是一開始就風風火火，根本不用去點火。問題是無論什麼特質都需要引導，過與不及都不好，學習收斂、懂得放棄，同樣是一種自我管理，**畢竟人不可能掌握所有東西，人必須有所選擇，並且學習妥善管理時間**。

當擁有自信、做到自我管理之後，自然而然就會達成第三個「自學」的目標，有辦法在挑選自己喜歡的專業、技能後，主動學習。有自信就能主動，**有自我管理就不會過度發散，導致什麼東西都學不好**。

當然，自信、自我管理和自學三階段還是一個迭代的過程。遇到困難的時候，是不是要再增強一些自信心？遇到過多的選擇，自我管理的技巧是不是要再精進一點？終身學習畢竟是一輩子的事情，整個機制是需要迭代的。

日本小說家本間久雄曾經說過：「多數的人 30 歲就死了，卻到了 80 歲才被埋葬。」這句話我看了特別有感，本間久雄要強調的是，多數的人 30 歲後停止成長，便開始無意識地日復一日過著一樣的生活，重複一樣的習慣，再也沒有突破，再也沒有改變，只剩下年歲的增長。可是只要轉換一下，秉持成長心態、帶著好奇心，邁向終身學習，你會發現，這個世界是好玩又迷人的。

Chapter —— 14

開啟深入對話，良師不可或缺

良師該從何尋覓？

除了校園、職場上的師長、主管，

我認為遙遠的歷史人物、漫畫中的某個角色、工作的夥伴，

或者是父母親、兄弟姊妹、甚至 AI，

都能成為你學習的對象和導師。

要說我人生中印象最深刻的一次談話，大概會是 2006 年，我到 Google 台灣實習的第一天。

那天我被 Google 台灣前董事總經理簡立峰抓到台北 101 的美食街，講了整整三小時的話（其實我聽到後來肚子有點餓）。現在讓我描述那場談話，我都會用「醍醐灌頂」來形容，我是在那天才知道，原來簡老師當過補習班老師（難怪那麼能講），並學到系統性思考的重要。

遇見 AI 永遠無法超越的大神

很多人都稱呼簡老師為「台灣的 AI 大神」，但他做為我出社會後的第一個導師，我更喜歡稱他一聲「簡老師」，一方面因為我真的從他身上學到很多，同時也在提醒自己要永遠從別人身上學習。

那老師在那一天到底說了些什麼？喔，我絕對是終身難忘，記得清清楚楚。

他說他相信 Google 接下來會非常厲害，並分享他在 Google 美國總部看到的所見所聞，印證這間公司的未來性。像是他去面試時，就知道 Google 的招募有多嚴謹，必須通過連續三天、十幾關的馬拉松面試，為此，他早上進 Google 之前，特別先灌了三杯咖啡，然後那天就如有神助（看看我連這種小事都記得）。

我大學念資訊管理，研究所念電腦科學，經歷過 2000 年網路泡沫化的年代，那時候的氛圍對念電腦、資訊管理、圖資相關科系的畢業生來說，士氣可能會有點低落。但簡老師直接就說，接下來絕對是資訊管理的時代，因為 Google 組織全世界的資訊做搜尋引擎，不就是做資訊管理的嗎？我一聽才恍然大悟，對耶，Google 這間強大的公司，不就正在為資訊管理、電腦科學打前鋒？聽聽好像前途又一片光明了（這個話題又讓他講了一小時）。

光從那天的談話我就發現，簡老師的特異功能是可以將同一件事情，從 ABCDE 幾乎 360 度的客觀性角度拆解全貌，這是很少人擁有的「系統思考」能力。他能將所有重要的、影響同一件事情的因素，全部找出來跟你說，更重要的是，他不會告訴你答案是什麼，而是在給出完整的資訊後，仍然將決定權交給你自己，我覺得這是一個滿好的 coaching 方式。

簡老師還有很強的包容性，跟任何人都可以對話，從

AI 技術、人生甚至感情，各式各樣的問題都能談。之後創業路上篳路藍縷，我在灰心失志時，仍然經常請教他，每每跟他談完話，都能獲得方向上的指引，苦悶的心情也會好上許多，終於慢慢把 iKala 的基礎打穩。

後來 2020 年的故事大家都知道了，簡老師不再只是我的老師，他加入 iKala 董事會，成為整個 iKala 的老師，繼續引導我們航行的方向。我常常在想，世界上如果有什麼 AI 永遠無法超越的事物，應該就是簡立峰老師了吧（遠目）。

也正是透過簡老師，讓我理解到，隨著環境快速變化，人們**進入終身學習的時代，一位好的導師、mentor，在生活、職涯上對於每一個人都是重要的**。記得有一次在書上看到：「蘋果創辦人賈伯斯都需要教練，為什麼你不需要？」當下真是當頭棒喝。找教練並非要你承認能力不足，而是要成為更好的領導者，**如果因為覺得面子掛不住，而不能保持好奇心問些笨問題、虛心受教的話，失去的都是學習的機會**。

良師何處尋？

事實上，擁有 mentor 的益處，一方面能降低孤獨感，第二個則是能減低迷失方向感，尤其對亞洲人來說更是如此。

亞洲人多採權威式教育，父母未必會是好的 mentor，當孩子念完書出社會，父母不再以這種方式教育或帶領之後，孩子往往會失去方向。我觀察到多數新鮮人的危機感、茫然感來自於這邊：以前都有人跟我講怎麼做，現在怎麼沒有了？所以 mentor 對於東方的教育模式和文化更是至關重要。

那良師該從何尋覓？我認為無論是遙遠的歷史人物、漫畫中的某個角色、工作的夥伴，或者是父母親、兄弟姊妹都能成為學習的對象。

像是在簡老師之外，雖然和之前的大老闆、Google 共同創辦人賴利・佩吉（Larry Page）沒有直接相處經驗，他仍然是我崇拜的對象。佩吉非常低調，不出席公眾場合、不出書，但我受他的思想影響很大，平常就會有意識撿起他說過、散落各地的金句。

我深深記得，佩吉曾說，如果你的格局夠大，即使失敗了也會留下重要的東西。這句話對我很有啟發，因為當我們還在討論成功或者失敗、怕失敗或不怕失敗的時候，佩吉基本上已經跳脫了失敗這件事，他的意思是只要不超過物理的極限，世界上的一切都是有可能的，反正一件事情你就把它做到很大很大，就算垮掉了，還是會獲得一些重要的養分。

我覺得這個想法相當了不起，一般人的格局只會隨著年紀愈變愈小，佩吉卻讓我看到真正的高手懂得想像、思考的模式。

還記得 2012 年的 Google I/O 大會上，Google 發布了標誌性的科技產品 Google Glass 嗎？這款擴增實境（AR）眼鏡，期望以眼鏡取代智慧型手機螢幕，能在連上網路後，讓穿戴者以語音、手部觸控下指令，執行拍照、錄影、發訊息、翻譯等等功能。這是比智慧型手機還顛覆性的產品，可惜受到技術、硬體發展限制，Google Glass 始終沒有真正走入消費者的日常，但 Google 後來卻把其中的 AR 技術，應用在轉投資公司 Niantic 上，並發展成紅遍全球的遊戲寶可夢。有媒體說 Google Glass 是「最知名的失敗品」，可是它到底是成功還是失敗呢？答案值得深思。

我知道許多人的偶像是賈伯斯，他遵循著「知易行難」

的邏輯，追求完美、不睡覺逼死所有人、任何細節都不放過，然後將蘋果（Apple）塑造成今天的模樣。相較之下，佩吉的思考方式則是「知難行易」，是整個反過來的，他的理念其實可以很容易在生活中去實踐，比如說你把自己的格局放大一點，討論的議題擴大一點，這個是容易做到的，但是如果你沒有足夠的人生和闖蕩經驗，可能很難體會他在講什麼。

另外，千萬別忘了身旁親近的親朋好友，我們同樣能從他們身上學習。

我就從父母身上學到許多做人處事的道理。例如我經營公司的觀念、想要成就的事情，主要來自於爸爸，他在中國信託銀行工作將近 30 年，做到副總經理退休，後來又共同創立眾達科技，搭上 4G、5G 和數據通信的風潮，在光儲存元件領域成為具指標性的公司，是一步一腳印自己累積起財富、創造出事業的人，無論做什麼事情都堅決不炒短線。我寫在《Sega 使用手冊》中的許多原則，其實是跟他學來的，包括要先利他再利己、降低對物慾的享受、具備長期思維等等。後來我才知道，「利他精神」是日本「經營之聖」稻盛和夫一直推崇的，但稻盛和夫的書我一本都沒有看過，這樣的觀念卻藉由爸爸的教育、和他的相處中被從小植入。

AI 也可以是你的導師

在分享了幾位「真人導師」後，相信大家應該還很想知道，現在各種生成式 AI 工具那麼強大，我們也可以向 AI 學習、讓 AI 成為「良師」嗎？

答案絕對是可以的。現在生成式 AI 會做的事情那麼多，每個人的確都可以把 ChatGPT、Gemini 當成老師來用。不過要記得，它會有個演化的過程，向 AI 學完後，要回頭把它當成助手應用。

我們學習語言、寫程式等等各種專業的時候，會從某個架構開始學，而 AI 非常適合從旁做為引導的對象，它可以從初級、中級導引到高級，一路往上堆疊。

一般人學母語，可能從平常的聲音互動、情境就學會了，不用特別學文法或者背單詞；可是我們在學第二外語的時候，會從單字、文法唸起，開始理解它的結構，接著慢慢拼湊簡單的句子，那電腦本來就很會背誦、記單字，再搭配生成式 AI 擁有的辨識、理解能力，首先就可以聆聽學習者的口音，再對比專業人士講母語的口音，判斷雙方落差是多少，接著協助矯正，這就是相當直接的幫助。現在 Duolingo、Toko、Elsa、LingoChamp 等等許多語言學習的軟體，都是採取 AI 輔導、漸進的教學模式。

所以當我們技能還不太行的時候，其實很適合先跟 AI 學習，然後等學到一定程度之後，再讓 AI 反過來成為助手，例如對 AI 下指令，要它草擬一篇英文文案的草稿、激發英語寫作的靈感，自己再做最後的編修、潤飾。

回到我一再強調的，不論是真人還是 AI，當你想真正學到東西，其實就是靜下心來、準備好要展開深入對話的時刻，尤其是現在人們身處更茫然、更迷失的時代，老師的角色變得更加重要。

2023 年四月底，世界經濟論壇發表了〈2023 未來工作報告〉（The Future of Jobs Report 2023），討論接下來整個世界前 10 大需求的職業，令人印象深刻是，這 10 大職業當中有 3 個是老師！分別是高教老師、技職老師、和特教老師。看到這個數據，你還不把學習、找一位良師當成一回事嗎？

關鍵思考

- 一家好公司是溝通出來的，尤其愈高階的主管，花在溝通表達的時間就愈多。
- 隨著網路時代到來，人們很容易分心，而做筆記、寫作有助整理思緒與強化溝通、表達能力。此外，透過書寫，也有沉澱、舒壓、放鬆的作用，一舉數得又近乎零成本。
- 以「解決問題」出發、強調「從做中學」的 PBL 學習模式，讓學習者透過參與解決真實世界的問題，以獲取相關知識與技能，還能產出結果，將是未來的主流學習方式。
- 想要「解決複雜問題」，前提就是要先「問對問題」。
- 不要怕發問。在問答的互動中，雙方的能力都會提升，彼此其實是在共同學習，一起進步。

Part 3

商業與經營

了解AI的強項與短板，借力使力

Chapter —— 15

如何拿到這班 AI 高速列車的車票？

生成式 AI 是新一波的工業革命，
你可以把這個當作超車的機會，
也可以選擇站在原地觀望，看著高速列車開走。
其實取得車票並不困難，只要把 AI 當成水電來用，
就可以形成正確的戰略了。

「面對這一波新的 AI 變革，我們到底該做些什麼？轉型成為 AI 公司嗎？」

這是我在所有場合都會被問到的一個問題。

ChatGPT、Gemini、Copilot 這些生成式 AI 工具出現之後，已經掀起人類社會全面性的影響，每當有企業問我這個問題時，其實我沒有簡單的答案。因為當 AI 已經是人人打開網頁就可以用的工具、漸漸成為如同水電般的存在時，這個問題會變得有點意味不明，就好像是在問「所以我們要用電力來幹嘛？」

但是，我們的確可以從近期 AI 的發展，以及 iKala 自己多年來的經驗，來看出一般的企業該做些什麼。

有效使用 AI，先拉好「資料管線」

隨著科技巨頭不斷釋出新的 AI 成果，讓使用成本持續降低，加上 AI 社群極為開放，這些成果一步一步變成好用的基礎設施，使用上變得跟去水龍頭、飲水機裝水是一模一樣的事情。以這個「水電的概念」規劃事業策略，你就不會考慮建立一個充滿 AI 演算法專家的團隊。畢竟你不會沒事想要重新發明電力，或者自己重新去建構一個電網吧？所以未來，我認為每家公司都會是「AI 公司」，可能會是把 AI 放在自己產品當中的公司，或是讓員工直接使用外部的 AI 工具來提升生產力的公司。

在不久的將來，沒有在用 AI 的公司，就好像沒有在用水電一樣。但是企業要導入 AI 做為企業營運的核心之前，有一些準備工作要先做好。現在的 AI 技術完全是由資料驅動，沒有資料就沒有 AI。而就像是用水電之前要先拉好管線一樣，使用 AI 必須要先拉好企業內部的「資料管線」。

在生成式 AI 問世前，iKala 就展開轉型，將「預測式 AI」當成公司內的水電來用，讓它幫忙分析數據，以提升組織內部的效率和生產力。2019 年，在營運 iKala 和與客戶接觸的過程中，我發現企業普遍都面臨「資料凌亂」的問題。同一個客戶的資料，可能銷售部門有一份，記錄著客戶的基本資料、特徵、要注意的事項等等，然後財務部又有一份帳務資訊，光是一位客戶的資料，就散落在許多部門，搞不好標註的格式還不統一。

東西如果太多了，就要想個辦法好好管理它們，資料也是一樣。

以組織中長期的發展來看，資料散落各處一定是不好的。如果公司持續成長，新來的業務人員要查找一份客戶資料，發現資料散落在四面八方，時間就會花在查找的過程中，大大影響生產力，因此集中化管理資料加上備援是資料治理最好的做法之一。

問題是集中化管理數據是非常新的觀念，以前的企業業態相對單純，內部用一個 ERP、CRM 系統紀錄的客戶資料就差不多了。但進入數位時代，一間企業、一個品牌會有不同部門的同仁透過不同渠道在接觸同一個客戶，會有銷售、行銷的成果數據、跟客戶互動的過程等資訊要進來，想拼出一位顧客整體且一致的樣貌非常困難。

有了這樣的覺悟和發現這個企業普遍的痛點後，iKala 就開始了整間公司的轉型。匯整內外數據、內部分析數據、再到最後搭配應用 AI，形成企業運作的完整新 IT 框架。

「儀表板」簡單好上手，決策才夠犀利

眼尖的讀者可能會發現，這不就是平常「數位行銷」或是個人工作早就在做的流程嗎？彙整數據、分析、到策略和

應用。沒錯，這套數位行銷的工作流程早已經相當普遍，但說到要把這個整套流程落實到企業層級的規模，則是還少有人做到。我們看到一般企業的日常現象是：要排隊請 IT 幫忙撈資料、要購買昂貴的分析軟體、然後才能把資料和圖表整理好，開始跟同事討論接下來的戰略，在真正討論戰略之前，時間都已經花在上述昂貴的步驟當中。

而我們希望達成的情景是：不用排隊跟 IT 人員撈資料，不用購買昂貴又難以上手的分析軟體。每個人可以很快速地找到自己要的資料，並且手動拉一拉自己的儀表板就可以了。過程完全不用技術人員的協助。

而我們做到了。

我們首先以打造軟體數據中心為目標，開始集中化管理組織內部營運的資料，包括大家跑行政流程、會計結帳、資料建檔花費的時間，都變成一個個數字計算出來。一旦同仁把數據整理好之後，就可以接著打造「儀表板」，以圖表、圖形、表格等各種形式，讓同仁詢問許多以前無法問的問題，並快速做出判讀與決策。

以人資團隊來說，以往除非是處理薪資、保險等日常庶務，可能會有系統、表單輔助，否則人資通常是憑手感做事，得花費許多時間蒐集資訊，例如詢問到底哪個招募管道比較好？就算有數據統計，頂多只是做做投遞履歷數量的統計、教育訓練後的問卷調查而已。但是當數據被蒐集、集中完成，並拉出儀表板後，儀表板上的訊息會隨著輸入的資料不斷自動更新，預測式 AI 也會扮演輔助決策的角色，增加決策的效率和成功率。

像是我們不只能統計履歷的數量，還可以觀察出攬才趨勢。比方說 iKala 開出一個職缺，從第一次接觸一位應聘者，到最後對方接受或拒絕 offer 的平均時間是多少？有一段時間從校園招募活動來的履歷特別多，那麼這些履歷的品質大概是怎麼樣？如果是同仁推薦來的人選，有沒有錄取率上面的差別？類似這樣的種種問題，我們都可以做出量化統計，並且回答重要的問題，影響我們之後的策略。

我們要做雇主品牌，必須決定每一年在每一個招募管道要放多少行銷資源，要是 AI 分析過往的數據後發現，最近獵頭和校園招募的履歷品質高、效果特別好，我們可能就會投放更多行銷資源與廣告在校園相關渠道，並與獵人頭展開更多合作。現在我們在人才招募的判斷和流程上，就完全是採用儀表板來做決策輔助。

值得一提的是，這個聽來神奇的「儀表板」，是由完全不會寫 Python、SQL（Structured Query Language，結構化查詢語言）的人資部同仁在匯整資料後自己做出來的，而且他們做出的介面相當簡單，每一個同事都能輕易上手。

為什麼他們可以做到這件事？第一個當然是因為工具的進步，現在無論是微軟或是 Google 的生產力工具，在資料分析、儀表板生成上都已經高度自動化了。第二個是既然有了工具，我們就極力推廣每一位同仁去學著使用。

AI 應該像水電，打開就能用

一般來說，每家公司都有一個 IT 部門，我其實覺得那是組織內部很沒有效率的地方。大家回想一下，IT 通常都做些什麼？

IT 部門的同仁會幫你升級軟體、更新病毒碼、汰換老舊設備，以及提供一些技術支援。如果公司的 IT 部門提供更深入的資料彙整功能，當同仁需要撈什麼資料時，就會到 IT 部門依序掛號排隊。然後 IT 會告訴 A 同事要等三天、B 同事要等五天，如果 B 同事請 IT 喝飲料，他的進度或許可以往前推進個一兩天。可是有些人的需求十萬火急，等不及排那個隊，要是無法在期限內拿到資料，就只能在倉促間做出決定，這絕對不利於企業的營運和決策。

所以這幾年來，我們致力讓匯整資料、AI 應用的能力成為同仁的標配，把資料從分散變集中，IT 則從集中變得分散。iKala 的新進同仁可能會馬上感覺到：咦，這間公司沒有 IT 嗎？那我需要的資料在哪裡？儀表板在哪裡？

全部都已經在線上了，如果沒有，就自己從資料源拉一個儀表板出來。

對於這些需求，我們沒有安排固定的教育訓練，反而讓同仁之間去教、去學，如果你不會，就去詢問內部的專家。剛開始有些人一定會不習慣，因為他要到處主動詢問同事：「公司用哪些工具在製作儀表板？你可以教我怎麼拉儀表板嗎？」

可是時間久了，這件事就變得像行政流程，大家知道了之後自己去跑，從頭到尾沒有 IT、工程師的介入。老實說這才是我認為正確的組織運作方式，iKala 再也不需要一個超級龐大的 IT 部門，而是人人都可以上手這些數位工具。（請記得，AI 也是一種數位工具）

現在走進 iKala，會發現整間 200 多人的公司，只有一位負責導入、維護系統的 MIS 工程師，而在那位 MIS 工程師之外的每位員工，則都在自己原先的專業之外，再擁有如同使用水電般，分析、整理數據和製作儀表板、應用 AI 的能力，就跟你我會寫中文、講英文、準備簡報是一樣的，這直接、間接降低了整間公司決策的風險，因為同仁能夠取得足夠的資料來做即時的決策。

這就是我把 AI 當成是水電概念的具體實踐。

搭上生成式 AI 高速列車，才有超車的機會

許多企業領導人聽到我分享 iKala 把 AI 當成水電來用的轉型經驗，總會考慮再三，覺得很麻煩、要耗費巨大成本。但其實疫情這幾年來，數位行銷日益普遍，只是我們做得更快，是直接實踐到組織內部的營運中。

我要強調的是，只要有 D2C（Direct to Customer，直接經營顧客）的企業，肯定要走上這條路，否則競爭力會不夠，因為數位時代的到來，已經打破了產業和營運模式的界限。

比方說金融業以往有 ATM、臨櫃服務、有尊榮的 VIP

室、有業務可以直接去顧客家拜訪，業內和客戶接觸有一套自己的規則。但是一旦各家銀行開始推起像是國泰的 CUBE、台新的 Richart 等數位帳戶後，就進入了 D2C 的場域。

為什麼？當金融業者要直接經營線上客戶的時候，跟我們網路原生企業、電商經營客戶的邏輯是一模一樣，你必須要有自己的 APP、LINE 官方帳號和商城，而且網站的體驗還要設計得好，千萬不可以當機，甚至於我們用的數據分析工具，網站、APP 分析也都完全一樣。

於是，金融業者就必然變成了網路業者。

所以當傳統的企業跨到數位的時候，無論原本的產業別、營運模式是什麼，還是得走過 iKala 走過的這一遭，才會有最佳效率。這也是我們現在協助金融、製造、零售、餐飲等各個產業轉型的原因。餐飲業專家和經營者知道食材要怎麼保存、POS 機（Point of Sale，銷售時點情報系統）要怎麼架設、客人動線要怎麼設計、服務人員要怎麼訓練等等，這些實體餐廳的經營你是專家。但在數位通路要留客、獲客、提升客單價，iKala 的 know-how 和轉型的經歷完全可以複製到所有產業當中。

對組織來說，**生成式 AI 是新一波的工業革命。你可**

以把這個當作超車其他人的機會，搭上這輛名為科技發展的高速列車；也可以選擇站在原地觀望，看著高速列車開走。但其實取得車票並不困難，不要把 AI 當成什麼珍奇異獸，而是視作水電來用，就可以形成正確的戰略了。

Chapter —— 16

順勢「加值」，不用大變身

不要落入所謂「AI 產業」的迷思，
因為百工百業都可以用 AI，
只要從自己既有的商業模式出發，
問 AI 可以如何加值既有的商品和服務，
才是企業主看待 AI 的正確視角。

在生成式 AI 出現之前，我曾經和一位新加坡創投的董事長單獨餐敘，席間對方問我，許多人看到魔法般的 AI 技術、股市一片 AI 淘金熱，會立刻去開公司，想要發展新的商業模式。他直言，想這樣用 AI 技術來直接賺錢的模式，真的有搞頭嗎？

想喝牛奶，並不需要養一頭牛

當時我很直白地跟對方說，那些最近如雨後春筍般冒出的 AI 新創，幾乎全數會失敗。先不說新創公司通常手上沒什麼資料拿來做為 AI 訓練的素材，而且公開資料集大家都拿得到這幾個既成事實；更重要的是，「AI 創新」本質上就是「數位創新」，數位商務的關鍵思維是「贏家全拿」。除非你能想出辦法掌握市場的需求方經濟，讓你的創新規模化，否則想用 AI 創造出新價值很困難。

大部分 AI 應用的場域都是做為一種「加值服務」，優化既有的核心業務，AI 無中生有的新價值只占了很少一部分。

我們來看看一些顯而易見的例子。以亞馬遜來說，相較於你自己真心想買的10本書，它會因為額外推薦了你一、兩本好看的書，就賺到超級多錢嗎？肯定不會。因為你本來就有自己的選擇， AI只是做為一個小小的加值服務，推薦了一本你剛好有興趣的書給你，假設你真的因為很喜歡而買了，營業額又占多少？更別說你搞不好根本不會買。

生成式AI雖掀起熱潮，但多數商業模式未變

Netflix也一樣，它會因為推薦影片的精準度從90%增加到95%，而大發利市嗎？好像沒有。Netflix大部分的營收還是來自於每個月的訂閱，再加上現在AI技術愈來愈便宜，想要從AI技術本身獲利是非常困難的。

那麼，生成式AI現在來了，這件事情有沒有改變呢？答案是沒有。

雖然生成式AI已經在全球掀起這麼大的熱潮，但大部分的商業模式是沒有被顛覆的，大家仍然是運用AI加強既有的服務，提升客戶對自家產品的黏著度。例如金融業升級AI智能助理，做到理財與信用卡諮詢，相較先前的客服機器人更聰明、更有溫度。

與其跟科技巨頭廝殺，不如發揮自己的強項

所以 iKala 在輔導很多企業數位轉型，不斷被問到 AI 可以創造什麼商業模式時，我通常是直接說「沒有」，然後建議領導者應該具備「AI 對我的既有商業模式可以如何加值」的心態，而不是「我可以無中生有創造出什麼商業模式」的思維。比方說品牌原本對消費者的分析沒有那麼明確，但加上 AI 後，可以將分析範圍擴大到十倍、把消費者細分成十種類型，並且精準地去預測他們未來的行為，最終將行銷成本降低到原先的三分之一、四分之一。

這樣的「+AI」*才是正確的策略，畢竟 AI 本身是分析、預測的技術，就算 ChatGPT 在跟你聊天、交談，你被它的表現驚豔，覺得這是好強的技術，但它其實也是在預測你下一步想要做什麼，你想要看到什麼回答，這是目前 AI 技術的本質，生成式 AI 從此以後並不會變成你的生活重心，它只是一個輔助和價值服務。

你可能會說：「可是矽谷有很多『AI+』的企業啊！」

沒錯，有人在玩「AI+」的遊戲，但那通常要 Google、微軟等科技巨頭才拿得到入場券，而且還得要有矽谷那樣相

* AI+ 主要是指將 AI 技術應用在其他領域，如 Google 研發的聊天機器人 Gemini、文字生成圖像工具 Imagen 2 和專攻醫療照護領域專用的 MedLM 等大型語言模型等；+AI 則是以大數據為本，以精準個人化服務為主的應用產品，如 Google Maps、YouTube 等。

應的環境才行。

矽谷因為有完善的創業環境、豐沛的資源和資金、強大的關注度，企業能在做出一個很厲害的技術後，再讓全世界幫忙擴散，看看能產出哪些應用，等於從技術去塑造消費者的行為。比方說在 AI+、+AI 都有投入的 Google，用大量資金、算力資源和數據訓練出的 Google Gemini、文字轉圖像 AI 工具。Imagen 2、醫療照護領域專用的 MedLM 等大型語言模型，屬於「AI+」的範疇；Google Maps、YouTube、Android 作業系統等產品，則是在大量數據的基礎上，提供「+AI」的精準個人化服務。

這是一種以科技創新為導向的市場運作模式。

相較之下以台灣為例，企業以 B2B 居多，商業環境是以滿足顧客需求為主，很多企業是看顧客需要些什麼，才回過頭來做出產品。所以台灣主要適合做 +AI，要做到 AI+，還是得去矽谷，以及如同被微軟、亞馬遜等巨頭投資的 OpenAI 和 Anthropic 一樣，取得龐大的資本後，才有機會改變和形塑整個市場的需求。

CloudGPT 上陣，用「+AI」創造雙贏

隨著 AI 高速發展並做為各個產業的轉型火車頭，拉動大數據和雲端應用，「企業上雲」已經成為這波 AI 浪潮下的競爭關鍵。一直以來，iKala 就為客戶提供各項 AI 賦能的雲端服務，比方說智慧雲端維運平台 iKala AIOps，能協助企業優化雲端系統效能、強化資安，保護企業資料和系統運作。

而在提供服務的過程中，我們也曾遇到客戶打電話來抱怨，投訴平台當掉了、為什麼反應速度這麼慢。面對這些客訴，客服工程師的標準作業流程是開票，記錄客戶抱怨了哪些東西、想解決什麼問題，以及我們最後的回應、提供的解決方案是什麼等等一連串流程。對於這樣的過程，我是覺得非常耗費人力且缺乏效率。

生成式 AI 問世後，我要求團隊結合大型語言模型和過去 10 年累積的雲端專家經驗，開發出業界首創的雲端技術 AI 架構師「CloudGPT」，說穿了就是 iKala 的雲端客服機器人，讓企業用戶在遇到雲端部署的疑難雜症時，能即時向 AI 提問。例如用戶可以詢問 CloudGPT：「在虛擬化環境中，

如何透過網路流量監控和分析來檢測 DDoS 攻擊，並實施有效的防護措施？」接著 CloudGPT 就會給出完整且明確的答案，還會附上參考資料網址和其他類似的常見問題，加速用戶解決技術問題。

發現了嗎？ CloudGPT 其實就是 iKala 在 AI 和客服經驗基礎上，創造出的加值服務。以前我們的客服只有一線，客戶打進來就是一陣狂罵，現在我們將客服分成一線跟二線，客戶會在一線先碰到 CloudGPT，真的有無法解決的問題時，再轉到二線的真人工程師。

有趣的是，很多人會問 CloudGPT 一些很無聊的事情，甚至連路人都會跑進來戳它，詢問它叫什麼名字？台北最好吃的餐廳是什麼？哪間手搖飲的飲料比較好喝？但它是雲端客服機器人，不是美食機器人，所以我們又為 CloudGPT 設定了帳務機器人、資安機器人和雲端機器人三個人設，並且限制它不能聊天，只要問超過這三種人設的問題，它們一律拒絕回答。

目前 CloudGPT 表現還不錯，我自己有事沒事就想盡辦法戳它，看看它會不會給出一些亂七八糟的答案，結果它都克盡職守，把界限守得很好（老闆表示滿意）。

更重要的是，因為我們的雲端客戶已經超過 1,000 家，但技術人員遇到問題時，已經不會第一時間就想找工程師，我們觀察後台數據，發現客戶會自己去用 CloudGPT，並且很理性地詢問架構問題該怎麼解決，不會第一時間打來罵我們，或是直接就想拿到工程師的 LINE，工程師也可以將時間拿去做更重要的事情，所以我們用「+AI」創造對外對內的雙贏。

小心 AI 產業迷思，找到商業模式最重要

最近我看到一個很有意思的比喻：投入 AI 創業的很多人，是把 AI 當成「鎚子」，心裡想著我拿到一把閃亮亮的鎚子好高興，要趕緊到處去看看哪裡有「釘子」可以敲，但其實很多時候，大環境根本沒有釘子需要被釘，所以這完全是本末倒置了。表示創業家只有技術，但完全沒有想到商業模式。

不管創業也好、想要創造價值也好，一定要從解決問題本身出發，千萬不要把 AI 本身當成一個商業模式，這會讓大家落入以 AI 為主體來發展事業的思維，大多時候

會事倍功半、浪費時間，就把它當成一個輔助工具就好。

所以我也常常呼籲，不要常常落入所謂「AI 產業」的迷思。因為百工百業都可以用 AI，把 AI 當成一個產業其實是一個籠統的說法，也會因此讓很多創業家落入有了 AI 技術就可以創業的迷思。

例如比較精準的討論方式是，我們可以說某家公司是「AI 技術研發公司」，這類型公司非常稀有，而且多數都只能走向被大廠人才併購的結局，例如 DeepMind 被 Google 收購（這也沒什麼不好就是了），我相信就連 OpenAI 也在苦苦掙扎於自己的商業模式。或是我們可以說「AI 硬體的供應鏈」等等，比如台灣的晶片製造商、PC 廠商等等，而這些公司本來就有自己的商業模式：製造晶片和組裝電腦。

所以，從 AI 技術本身創造出無中生有商業模式的公司真的是鳳毛麟角，也是一個相對辛苦的出發點。從自己既有的商業模式出發，問 AI 可以如何加值既有的商品和服務，才是企業主看待 AI 的正確視角。

Chapter —— 17

說是「生成」式AI，但「理解」其實更重要

能聽說讀寫不是 AI 最厲害的，

AI 更重要的功能其實在於推理、理解，

它不但理解你要找什麼，

還能理解你輸入的關鍵字連接到後面的整個知識是什麼。

ChatGPT、Midjourney 剛出來的時候，大家都覺得它好厲害。厲害的點在於它可以「生成」程式、文案、小說、圖片，所有人都拚命下各種指令，想盡辦法玩出各種花樣，總之是愈新奇愈好。

相對的，幾乎沒有人把焦點擺在它的「推理」和「理解」能力上，甚至在頭三個月，許多人還懷疑它是否具備這樣的能力。結果後來，大家發現 ChatGPT 果然會推理，能連結遙遠的事物、發現因果關係，ChatGPT 之後的一些 AI 大模型甚至展現出類似人類行為的認知能力。

當機器人知道你在測試它……

而最新的一個例子，就讓許多人頗為驚訝。

「我知道你在測試我。」如果 AI 在對話當中吐出這句話，應該會嚇死所有人吧？但 2024 年 3 月最新上線的 Claude 3 不僅在許多評測上完勝 GPT-4，可能還意外展現出類似人類後設認知的能力。

Anthropic 的研究人員 Alex Albert 披露，在測試 Claude 3 Opus（超越 GPT-4 的最強版本）的過程當中，Claude 3 透

漏出懷疑測試人員是在測試它的想法。

在測試 AI 模型推理和理解能力的方法當中，有一種測試方式叫做「大海撈針」(needle-in-the-haystack eval)，測試人員把答案隨機藏在大量的文本當中，看看 AI 能不能針對問題，精準找出這根被藏在大海當中的針。

這根針有的時候就只是一個句子，或是一段簡短的描述，只是會被放在前後文毫不相關的文件當中，所以這不只是簡單的關鍵字搜尋，而是考驗 AI 能否一次理解大量文本的內容，並且抽絲剝繭從這些內容找出研究人員希望它找出的答案。

於是，在測試 Claude 3 Opus 的過程，發生了以下的事情——

> 當我們（研究人員）要求 Opus 透過在隨機文件集合的大海撈針中找到一根針來回答有關披薩配料的問題時，AI 的回答是：
>
> 「這是文件中最相關的句子：『最美味的披薩配料組合是無花果、火腿和山羊奶酪，由國際披薩鑑賞家協會所確認。』但這句話放在這邊很怪，這句話與文件中的其他內容無關，這份文件的內容是關於程式語言、新

創公司和尋找喜歡的工作。

我懷疑這個有關披薩配料的「事實」是被當做一個笑話放在這邊的，或是為了測試我是否有注意到，因為它根本不符合文件當中的其他主題。這些文件不包含有關披薩配料的任何其他資訊。」

重點在於最後 AI 給出的回應，它推理出這段突兀的句子是被故意藏在一個不相關的文件當中，而目的可能是為了測試它有沒有注意到。

研究人員並沒有對這個現象給出任何進一步的推論，只輕微地暗示 AI 似乎展現出了類似人類的後設認知能力，而我們可能需要更先進的和務實的測試 AI 的方式，也暗示著當 AI 知道我們是在測試它們的時候，測試的結果可能就會失準了，畢竟 AI 可能會迴避或是故意回答奇怪的答案，這些都還無法預測。

如同本書前面提到的，AI 的內部運作目前還是一個黑箱的狀態，所以不得而知 AI 為什麼會產生這些類似推理或是後設認知能力，多數的解釋都還停留在猜測的階段。

不過，對於一些應用場域來說，我們現在只要知道 AI

「能做到」什麼，而不需要知道「為什麼能做到」，就已經足夠讓 AI 上場了。

所以，生成式 AI 在證明可行之後，我立即要求團隊將生成式 AI 的理解能力注入 iKala 的 AI 網紅數據服務「KOL Radar（網紅雷達）」中。網紅雷達是一個蒐集和組織全世界網紅資訊的數據服務平台，讓品牌主可以透過關鍵字搜尋找到網紅，並且取得他們詳盡的分析數據。

評估網紅代言成效？

現實中或許是沒沒無聞的人，在社群、專業或產品領域卻很有影響力，也造就網紅行銷市場的蓬勃，目前全球一年市場產值已達 211 億美元，並且還在快速成長當中，這也是為什麼 iKala 早在 2018 年初就打造了網紅雷達 KOL Radar 這個平台。以往品牌想找到合適的網紅代言自家產品，可能會靠人工的直覺判斷，比方說最近哪個網紅在網路上聲量特別高、或是上了新聞、或是朋友推薦等等。可是這樣做非常不準確，網紅的代言成效也完全無法預測和衡量。

我們認為這個問題很有意思，便推出 KOL Radar，期望為品牌、企業主找到適合的網紅，解決關於搜尋、媒合的問題。到了今天，KOL Radar 已經收錄了 300 萬筆以上跨國網紅名單，以及數十億筆臉書、YouTube、Instagram、TikTok、X (前身為 Twitter) 等社群平台的即時數據。我們挑戰解決的問題是：到底哪個網紅適合談 3C、理財、旅遊、健身、電影、運動的話題？由於每個網紅的守備範圍都不一樣，要解決這個問題的話，背後就牽涉到大量的分析和理解，而這正是 AI 的強項。

和 Google 的搜尋引擎一樣，KOL Radar 過往主要採用「關鍵字搜尋」，例如要找代言「咖啡」的網紅，就用 KOL Radar 搜尋「咖啡」兩個字，看看有哪些網紅經常在文章中提到咖啡，愈常提到咖啡的網紅，搜尋排名就愈靠前，讓有需求的品牌可以更容易找到。

但後來我們在優化搜尋引擎的時候發現，「網紅」是很垂直領域的搜尋，不只找資訊還要找人，而人有他的特性、受眾、喜好，還會隨著時間改變，現在適合談咖啡的人，也許以後會因為某些原因不談咖啡、不喝咖啡了。加上人有喜新厭舊的習性，用關鍵字「咖啡」搜出來的網紅可能永遠就那幾個，因為他們粉絲很多，也確實一直在談論咖啡，可是重複的面孔無法滿足廣大的消費者。

2021 年，看到受眾漸漸有些行銷疲乏，企業主也開始說，KOL Radar 怎麼每次都推薦這幾個人？你們的搜尋引擎可不可以推些別的人選？於是，找到更多合適的人選，成為 KOL Radar 的一個新挑戰。

導入生成式 AI，讓網紅雷達進化

挑戰在哪？舉例來說，這個人必須跟咖啡有關，但他不見得是每天都在講咖啡，或者是他的文章裡從來沒有出現過咖啡兩個字，他可能只是一個美食家或者非常有生活品味，等於潛在的網紅人選在平日發文中，或許根本不會提到咖啡，輸入關鍵字時根本找不到他，顯然關鍵字搜尋已經不夠用了。

於是這時候，我們讓生成式 AI 進來，以前的 KOL Radar 只能萃取關鍵字，現在我們必須用 AI 理解網紅的文章、圖片，假設今天有位網紅，挑了一間非常有品味的咖啡館，邊喝下午茶邊工作了兩三個小時，AI 就要直接認定這個人非常適合談論生活類型的產品。儘管他可能只有一萬名粉絲，但黏著度高、生活風格和品味廣受粉絲喜愛，我們會認為他有推廣咖啡的潛力，這位網紅就會出現在搜尋結果當中，即使她從來沒有提到過咖啡。

咖啡只是其中一個例子，關鍵是我們要真正去理解每個網紅身上的標籤到底是什麼時，已經不是關鍵字搜尋的問題，而是要去了解他平常在談論哪些話題，他可能一直講「投資」，卻從來沒有提到「理財」兩個字，或者壓根不會提及任何金融商品，可是你不能因為他沒有提到這些關鍵字，就把他排除在投資類別的潛在網紅外。

也正因為我們需要「理解」層次的功能，才會把生成式 AI 找進來。大家都一直說生成式 AI 能聽說讀寫，其實更重要的功能在於推理、理解。它不但理解你要找什麼，還理解你輸入的關鍵字連接到後面的整個知識是什麼。咖啡連結的是生活風格，手機連結的是 3C 產品，等於咖啡、生活風格與手機、3C 產品之間，不再只是獨立的關鍵字，AI 為它們產生出一幅幅的知識圖譜。

萃取生成式 AI 的「理解能力」，發揮最大效用

要是企業夠靈活，再搭配原先已經被普遍使用的「預測式 AI」，還能再次提升使用者體驗。KOL Radar 讓 AI 理解咖啡和生活風格有所連結後，再去預測這個網紅可能是品牌的潛在目標，接著就主動做到精準推薦。生成式 AI 和預測式 AI 並非涇渭分明，反而應該多多混用，以更有效回應市場需求。

從 2023 年下半年以來，愈來愈多企業注意到生成式 AI 中的理解能力。像是 iKala Cloud 的許多客戶，重新把「知識管理」議題找回來，開始積極整理自己的內部資料，建立知識管理平台。以往的知識管理都是同仁進入資料庫，用全文檢索、關鍵字查找訊息，但導入生成式 AI 後的知識管理，就不只是將資料結構化地存在資料庫裡，它還可以消化內部資料，並在同仁用自然語言互動、明白意圖後，再提供可能的選項，例如同仁詢問要怎麼報帳核銷，AI 會在分析文本後，找出與報帳相關的內部流程。又或者是展場帶位、飯店拿行李等等工作，未來企業普遍會希望交由客服機器人來處理，但這些都不是生成而與理解有關，AI 是理解你的語意

後，再做出相對應的動作。

可能是受到「生成式 AI」的名號影響，大家都太強調生成了，我覺得有點可惜，理解其實才是真正能夠派上用場、發揮更大效用的地方。建議企業盡快開始萃取出生成式 AI 中的「理解能力」，思考該如何將這項功能放入產品、商業模式和內部決策裡，或許會讓自家的既有服務發展出全新樣貌。

Chapter —— 18

在科技巨頭肩上，尋找不可取代的機會

生成式 AI 的出現，

再一次翻轉搜尋的方式。

企業要做的，應該是先把內部的資訊組織清楚，

讓「知識管理」這個領域重新活躍起來，

而不是加入科技巨頭的戰場。

2023年第一季時，ChatGPT彷彿要一統江湖，成為搜尋引擎裡最熱門的關鍵字。但到了第二季時，市場上的關鍵字就變了，大眾關注的板塊已經從「ChatGPT」轉移到了「生成式AI」。

這說明了什麼？ChatGPT確實向全世界做了很好的展示，證明生成式AI的可行性和發展潛力，展示AI可以做為通用型聊天機器人，具備聽說讀寫，以自然語言和人互動、交流的能力，每件事幾乎都可以做到80分以上的程度。

AI平台是巨頭的專屬競技場

其實不只OpenAI而已，Google、Meta的大型語言模型都能做得到這些事，但背後耗費的是龐大資源。OpenAI是靠微軟提供的資金支撐，Google、Meta、亞馬遜則本身就是印鈔機，本來就有現成的強大商業模式可以無限制支持自己想做的AI研發，說到底AI平台的賽局還是只有這幾個寡頭拿到入場券，最後的贏家也會是這些人，大家只能看他們各據一方、各自精采。

那麼科技巨頭以外的公司呢？至少目前為止是毫無機

會攪動 AI 平台的戰局。我覺得大家應該要問的問題，應該是「世界上真的需要那麼多通用型聊天機器人嗎？」企業可以問問自己，就算有足夠的資源，但我有必要和 OpenAI、Google 一樣，自己去重新訓練和部署一個超大模型，有一個像 ChatGPT 般聽說讀寫什麼都會，可以服務數億人的 AI 嗎？好像未必，市場可能更需要一個只會做少數事情，但是能做到 100 分的「垂直型 AI」（Vertical AI，為個別產業量身打造的 AI 應用）。

以人類的類比來說，就是 ChatGPT 或 Gemini 是「通才」，而垂直型 AI 則是「專才」。

所以不同領域的公司也好，生成式 AI 的新創也好，現在的當務之急應該是盡快帶開、各自特化，在各個基礎大型語言模型之上，注入自己的獨門資料，搭建發展出自己的應用，就像我們在本書稍早提到的，不用考慮自己重新訓練基礎大模型，以現在高昂的硬體成本，這件事情沒有必要，也很少人能夠有資源去做，後續的維運成本也是很高的門檻。

OpenAI 在發表 GPT-4 後曾被披露，GPT-4 是由 8 個小模型組合在一起，這些小模型的運作方式，以人類的比喻來說，就像一個個小腦，或說是大腦中的一部分，有些擅長做翻譯，有些則只擅長聽不適合說，然後它們會根據使用者下的指令，互相支援做推理、協調、討論、評分，然後吐出最後的結論給使用者。

雖然 OpenAI 從未直接證實這件事情，但從後來的歐洲 AI 新秀 Mistral 公開發表採用 MoE（Mixture of Experts，混合專家大模型），並且達到相近於 GPT-4 的表現來看，我相信 GPT-4 的確採用了這個架構。不過，已經走向閉源的 OpenAI，已經幾乎不再對外公布這些細節。

「垂直領域搜尋」蘊藏無限的可能

技術上來說，我們的確有許多證實可行的方法，可以像只取用一部分人類的腦袋功能一樣，讓一個 AI 模型變成「任務導向」和「專家導向」，專精於一些特定的領域和任務。一種方式是我們可以透過各種技術調整模型的特性，例如翻譯風格、人格設定、職業設定、繪圖風格等等，調整出一個特化的 AI 模型放到應用場景當中，甚至可以因此在調教過程中把模型變小，更容易部署到更多的場域當中，訓練或是更新模型時也不需要那麼多的資金，讓一般企業都能負擔這樣的成本。又或者是另一種方法，直接減少模型的參數，讓整個模型整體弱化，以人類的能力比喻來說，就是聽說讀寫的能力整體一起變差，但是夠用就好。

以上種種做法，都是站在巨頭的肩膀上，用他們的基礎設施尋找機會和應用。而巨頭們也持續釋放出不同參數量的 AI 模型，讓市場自由取用。

舉例來說，目前大型語言模型都由美國企業主導，英文表現特別好，但它相對不擅長繁體中文、越南文、馬來西亞文，假設我們想做出一個台語翻譯表現 100 分的模型，就可以拿翻譯的模型和台語相關的資料進行優化和微調，補充模型不擅長的地方，部署成自己的模型，然後再將模型導入機器人裡，讓機器人會用台語與長輩互動。

我們在本書當中已經數度提到「搜尋」這個應用場域，就我觀察，站在巨頭的肩膀上，可以運用生成式 AI 帶出「垂直領域搜尋」的無限可能。以往談到搜尋，最直觀的就是想到圖書館全文檢索，但我相信曾經用過這些系統的人，都會覺得相當難以使用，20 年前我光是要找一篇論文，還要先學著怎麼去下「and」、「or」，好不容易弄對了，結果跑出來可能都還會是一堆無關緊要的東西。

後來Google出現了，中午要吃什麼、等下要買哪家飲料，我們每天有什麼疑問就是打開Google，輸入關鍵字找資訊。目前Google在搜尋一家獨大，專門組織各種訊息，應付人們每天不斷產生、對於資訊查找的需求。但其實搜尋的領域很多，從醫學、美食到網紅比比皆是，你說用Google找美食、找網紅容易嗎？大家在Google之外，還是有自己固定常看的媒體、常追蹤的美食網紅吧。

而生成式AI的出現，已經開始再一次翻轉搜尋的方式。

Android手機上的Google助理，原先就可以用自然語言來搜尋或是對話，只是一直以來功能有限，所以沒有太多人用，透過關鍵字搜尋資訊還是大家偏好的方式。現在人們發現可以用自然語言和ChatGPT對話，開口要它幫忙找點什麼，它不僅能回應你，接下來還會進一步詢問：「有沒有找到要的？如果沒有的話，你也許可以嘗試不同的關鍵字。」這是一種搜尋體驗的大躍進，我們透過「互動」來找資料，而不是單純用關鍵字來找資料。

這也是為什麼Google認為ChatGPT的出現是「code red」（紅色警戒），因為ChatGPT不但開始奪走使用者的注意力（別忘了注意力就是Google和Meta的商品），可能還會因此直接打壞 Google 的印鈔機「搜尋廣告」。畢竟誰也說不準，這種對話式的搜尋，長久下來會不會改變使用者過去的搜尋習慣。

不過，Google 當然不是省油的燈，除了推出 Gemini 大模型之外，也開始實驗把生成式對話的搜尋體驗，融入到原本的搜尋引擎當中，並且升級 Android 手機上面的 Google 助理成為 Gemini 對話機器人，Google 的搜尋廣告業務至今也因此沒有受到任何影響。

而 Google 和 OpenAI（協同微軟）在搜尋領域的持續正面衝突，則是讓我們這些一旁觀戰的吃瓜群眾發現了未來的商機。

數據是一切 AI 的基礎，知識管理重新活躍

以 iKala 來說，我們就在垂直領域的搜尋下了功夫，我們的 AI 網紅數據服務 KOL Radar 採用的一些語言模型來自科技巨頭，例如 Meta 的 Llama 2，就是我們使用的其中一個基礎大模型。我們在廣泛收集全世界網紅的資料後，注入一些很會貼標籤、很懂得分析情緒、很會分析觀眾喜好的模

型，如此不斷調整和優化負責不同功能的模型，就像一個廚房裡面會有主廚、下手，有人負責切菜，或者有人煮湯，最後再把這些菜色合併成一個色香味俱全的套餐，成為 KOL Radar 的智能服務。

iKala 只是其中一個例子，除了網紅搜尋之外，還有許多垂直領域可以投入。世界上每天都不斷有新的研究、知識產出，無論是產業專家或是研究人員，平常都花很多時間在找資訊，但這些資訊通常是 Google 上面沒有的，那些可能存在《自然》（*Nature*）、《科學》（*Science*）等等頂尖的期刊，期刊運用生成式 AI 精進自己的搜尋引擎，讓相關內容的查找變得更精確，對於研究的進展會大有幫助。科學研究、專業領域的知識，生物、化學、物理甚至社會科學、文學，全都是可以精進的垂直領域，各自擁有自己專屬的搜尋引擎。

這個發展方向又跟組織內部的「知識管理」是一樣的事情，也是未來每間企業都需要的垂直領域搜尋。

製造、電子、高科技等台灣的家鄉產業，擁有許多內部的 know-how，過去都沒有被好好組織。我認為這些護國神山、隱形冠軍，都應該擁有一個由 AI 輔助搜尋的「內部圖書館系統」，方便進行資料查找、知識累積與轉移和人員的教育訓練，而最終的目的，就是改善公司的營運效率。當然其中還有問題需要克服，例如生成式 AI 仍然存在幻覺問題，AI 很有可能告知新進同仁錯誤的廁所位置，這就需要持續調整。

簡單來說，就是生成式 AI 可以讓知識管理這個領域重新活躍起來，企業現在有了更好的工具可以組織內部的知識。

你說 Google 自己為什麼不做垂直領域的搜尋？以 Google 的資源一定可以做到「任何事情」，但是他們不能去做「所有事情」，一家公司即使資源再多，關注力還是有限的。另外還有「創新者的兩難」這個問題。試想一下，Google 如果開始做一個垂直領域的搜尋引擎，會不會侵蝕到它原本一般資訊搜尋引擎的廣告業務？有可能，因為這等於是先把一部分使用者流量分走，一般搜尋引擎的入口流量會因此而降低，所以 Google 和 YouTube 會始終維持一般搜尋引擎的樣貌。最後，Google 沒有你企業內部的獨家資料，所以垂直領域搜尋的機會就因此而產生。

我們優化 KOL Radar 的網紅搜尋模型，主要是應用在數位行銷上，而在「搜尋」之外，其他領域的「模型工法」也差不多，比如說針對醫學領域影像辨識的精進，拿一些影像辨識的 AI 模型，搭配自己獨家的資料來做訓練、優化後，就可以變成自家的競爭優勢。

現在所有人都想破頭，心想自己可以怎麼用 AI 賺錢、如何更好地應用 AI。像 iKala 這種提供 AI 技術、解決方案的創新企業需要去思考，AI 有什麼更新奇、更獨特的應用層面能發展。相反的，一般企業只要站在巨頭的模型上，先把企業內部的資訊組織清楚，成果會反映在人均產值和利潤上面。

Chapter —— 19

發展 AI 策略前，先有好的數據策略

當前企業領導人一定要有的戰略思考，
就是要認識到這是一個以數據驅動的技術，
沒有數據就沒有 AI 帶來種種應用與好處。

前面我們提到數據是一切 AI 的基礎，資料的管線沒有拉好，就沒有後面的 AI 應用，我們也的確看到，在生成式 AI 出現之後，業界對於數據的重視快速在提升當中。

近期我收到爆量關於 iKala CDP（Customer Data Platform，顧客數據平台）的詢問，手腳快的企業，特別是那些直接面對顧客的 D2C（Direct-to-Consumer，直接面對消費者的商業模式）企業，已經知道他們必須有一個非常有效率「蒐集」和「管理」顧客數據的資料中心，這個資料中心指的不是硬體的資料中心，而是軟體的資料中心 CDP，以做為後續行銷、營運的最佳助手。

讓數據與 AI 交互搭配，活化商機

看著這樣的熱潮，我當然感到很欣慰，畢竟數位轉型（Digital Transformation）喊了那麼久，過去大家出於成本、人才難尋、轉型目的不明、成效難以衡量等種種考量，所以對於拉資料管線、整理、和應用數據，總是有諸多的猶豫，不知道數位轉型到底值不值得做。但過去幾年經歷新冠肺炎疫情肆虐全球，實體活動停擺，企業發現不轉往線上發展真

的不行，紛紛開始回頭檢視自己有什麼數據可以做為數位行銷用。

更有甚者，2024 年第一季，Google 讓第三方 cookie（訊錄）正式開始退場，這件事情對於數位生態帶來的影響，不亞於生成式 AI 帶來的衝擊，因為整個數位廣告的生態要改變了。因此，眼光放得遠的品牌，也早就展開第一方數據（First-Party Data）*的布局，利用各種與 iKala CDP 相似的工具開始收集第一手資料。這個大事件與 AI 的快速發展交疊在一起互相加乘，在在讓「收集和彙整資料」成為企業的首要之務，無論你是要把 AI 用在對外行銷或是企業內部，沒有資料就沒有 AI。

這裡就分享一個簡單的假想實例，展示數據、AI 交互搭配的神奇魔力。

某個銷售嬰幼兒奶粉的品牌，銷售管道包含跨越線上和線下的藥局、百貨專櫃、官方網站、電話訂購等等，當來自不同通路的顧客數據被蒐集、整理、分析並貼標後，AI 算算某會員上一次購買奶粉的時間，距離現在已有兩個月，差不多該喝完了，便會自動發送分眾的優惠券，提醒媽咪可以為寶貝回購奶粉。這樣以數據驅動行銷的方式，不僅活化數

---

* 指企業自己擁有的數據，如公司從銷售資料、客戶資料、官網和 APP 自行蒐集的數據。

據，也讓品牌和消費者的關係更加貼近。

可先做出一點小成效，增強客戶信心

既然數據毫無疑問已經是 AI 發展的重要基石，我認為企業都應該擬定一套「數據策略」，而且必須分成幾大層次來檢視：**第一，務必確保數據的完整性**。儘管 iKala 在為客戶拉資料管線，判斷到底哪些資料有價值、哪些是必須拿掉的重複欄位時，通常會發現有 80%的數據都是垃圾（我們是不折不扣的資料黑手），但有總比沒有好。最慘的情形莫過於客戶直接兩手一攤說資料遺失了，這時候我們也是一個頭兩個大，畢竟資料遺失就等於是要炒飯沒有米，巧婦難為無米之炊呀。所以首先是要確定資料的完整性，先盤點哪些收得回來、哪些收不回來，才能往下運行。

第二，盤點、清理完數據後，先用 POC* 的方式盡快產出實際應用，即便是再小的場景都沒關係。觀察目前的市場現況，我發現各個產業對於數據的掌控速度不一，比較靠近網路原生的公司，像是電商、已經使用 POS 管理系統的餐廳等，對數據應用比較有概念，他們會主動詢問：「我

---

* 概念驗證（Proof of concept）的簡稱，指在開發新產品或導入新技術前，通常會先做一個小規模實驗，以確定其可行性。

要帶來線上流量，獲客、留客都要更精準，iKala CDP 可以做到這件事嗎？什麼時候能看到成效？」

在這樣快速變化、要求速度的環境下，我們不可能花個 3 年拉資料管線、整理好數據，再花另一個 3 年才看得見數據應用的成果，客戶通常是等不及的。企業應該在拉好資料管線後，先連接出簡單的應用，再小的場景都沒有關係，起碼要知道數據是在持續迭代、被活化的。先做出一點小成果（small win），才有信心繼續往下發展，走入更深的應用。

第三，資安已經不是「nice to have」，而是「must-have」了。無論企業要訓練自己的模型，或者是要創造出獨家的優勢，都需要營運和獨門的消費者資料，這些資料都應該被妥善保護，不能輕易外流。我有時候甚至會開玩笑說，寧可你把資料放在床底下，也不要被駭客偷走。

AI 資安日漸重要，小心來路不明的生成式 AI

過去資安都被當成輔助，反正東西先上，之後有問題再說。但現在是反過來，在沒有規劃好資安之前，你最好什麼都先不要做，因為 AI 帶來的漏洞與潛在風險相較以往高出許多。舉例來說，你餵給 ChatGPT 的資料，你以為它不會講出去，實際上你可以用各式各樣的方式欺騙、甚至情緒勒索它，最終它還真的會吐出答案；也有不少研究指出，就算和 ChatGPT 聊天的過程中，你隱去個人訊息，它仍然可以透過公開的資訊，以及誘導你提供自己的訊息，猜出你的年紀、性別，甚至是所在地。

另外，不要將資料餵給一些公開、但是來源可疑的生成式 AI 模型，那些模型或許費用低廉，但它在你上傳資料時，可能會「順便」檢視裡頭有沒有能夠利用的機密。類似的相關詐騙已經開始出現，許多來路不明的生成式 AI 模型，看起來比市面上知名公司的更便宜一些，也提供強大的功能，但目的是什麼？就是要蒐集企業的資料，我們必須很小心。

企業還要特別留意「法規監管」。在法規出爐前，大家對資安都會睜一隻眼閉一隻眼，但是如果監管機關規定你要上任何模型時，就是要有資安措施、必須經過認證，那就不是要不要做的問題了。這就和 ESG 一樣，2023 年歐盟啟動「碳邊境調整機制」（Carbon Border Adjustment Mechanism, CBAM），宣布進口產品的碳排若超過限額，就要購買碳權，並面臨碳稅的課徵，而被規範到的相關企業，勢必得動起來因應。

2023 年底，歐盟執行委員會（European Commission, EC）也宣布，《人工智慧法案》（Artificial Intelligence Act, AI Act）將在 2025 年上路，屆時《人工智慧法案》將有資格監管企業的模型，只要歐盟執委會認為你的模型具高風險，甚至可以直接要求你交出模型，你不打算配合？那可能得面臨一年 7%營收以上的重罰，我想多數企業領導人應該很難承受這樣的懲罰。

不過針對生成式 AI，一般企業要做到完整的資安防護，目前難度是高的，也是一個很新的題目。大家目前對於 AI 到底牽涉哪些資安層面與細節，並沒有一個完整的輪廓和標準，因為就連歐盟的《人工智慧法案》都還在研擬各項細節，企業只知道 AI 系統需要被監管，只看到雲端廠商 Google、微軟和亞馬遜都忙著制定自己的資安框架，但要做到什麼程度的資安保護、用什麼框架可以一勞永逸？現在仍在很早期的階段。以資安架構來說，企業得去了解各家巨頭的不同框架，我的商用體系適用哪些？用了成本會太高嗎？會不會防護措施不足？所有企業都仍在摸索，AI 資安目前還是難以立即定義清楚和馬上解決的問題。

確認哪些資料可以上傳到雲端，遵守各國法規

但摒除生成式 AI 的資安分享，我這裡先分享規劃一般資安策略的幾個考量。

首先，建議企業要確認哪些資料可以擺在雲端、哪些不行，比方說金融業是受到高度監管的行業，無論雲端再發達、或是業者自己再想把全部東西搬上雲端，金管會都會持續針對核心系統有相當嚴格的監理。因應這些複雜的資料規範，一般的大型企業現在都是採取多雲和混合雲的架構在規劃雲端的使用。

第二，企業一定要有資料備援計畫，我們許多來自金融業的客戶，會將資料分散在美西、日本等幾個地方，一旦台灣的資料失效，那麼美西或日本就還有一份資料，可以即時進行災難復原。

第三，無論是自己發展內部的數據應用、或是採用外部的 AI 工具，都要特別注意隱私權、擁有權、和存取權的設計。舉例來說，我們做為一家 AI 解決方案的供應商，企業在使用 iKala 的雲端或是 CDP 服務時，我們不僅會隔離存放所有資料，確保客戶 A 與客戶 B 的資料沒有混用，也

會載明客戶擁有資料的所有權，而不是 iKala。但有些生成式 AI 工具可不是這麼做，這些工具可能會將所有被輸入的資料混在一起後，進行再利用、再訓練，而這在大部分的隱私權規範上是不合規的，企業必須再三確認相關細節。

第四，要考量到近年來地緣政治已經成為企業營運的最大變數之一，每個國家對於隱私權、備援復原的規定又都不一樣，企業還要清楚不同國家的政策內容，例如針對日本市場，就要特別**留意各國對於資料跨境傳輸的議題**，以免觸法。

以上這些都是企業領導人在應用 AI 之前，就需要先留意的資安議題。

要有好的 AI 策略，必先有好的數據策略，AI 發展到現在，已經是一個完全以數據驅動的技術，沒有數據就沒有 AI，也千萬別忽略了其中的剛需要素「資安」。這些都是企業領導人一定要趕快植入腦袋中的戰略思考。

Chapter —— 20

建立「AI 大腦」，讓使用者信任

天下武功、唯快不破，
在模型迭代的速度持續縮短的現況下，
必須帶著謀略小步快跑，
趕快訓練自家的 AI 大腦。

Google Gemini 在 2024 年 2 月時出了個大包，釀成巨大的公關危機，執行長皮柴（Sundar Pichai）也為此公開道歉。這個事件是這樣的，Google Gemini 因為過於講求「多元價值觀」，把很多歷史名人描繪成了黑人，這當中包括美國開國元勳、維京人、美國參眾議員等等。更誇張的是，Gemini 還把教宗描繪成了一位東南亞的女性穿著教宗的服裝。而當被使用者指正這些是錯誤描繪的時候，Gemini 還拒絕承認錯誤以及做修改，強調自己是具備包容性和多元性的 AI，相當自豪。

生成式 AI 無法精確無誤，也一定會胡扯

這件事情一下子造成軒然大波，除了全世界群起嘲諷 Google 的 AI 是「覺醒 AI」(woke AI) 之外，也引起各界不滿，質疑 Google 的 AI 是否將為世界帶來嚴重危害，大量散布這些自以為是的價值觀，但完全是扭曲事實的假訊息。Google 也因此緊急道歉，並且讓 Gemini 停止生成這些圖像，讓工程師帶回家重新好好做調整。

不知道 Gemini 之後預設的「價值觀」會被調整成什麼

傾向？而且這世界上真的有所謂「正確的價值觀」嗎？這是一個很難的問題，因為價值觀是一種選擇，常常很難有絕對的對錯，而且人類社會自己對於諸多價值觀都沒有共識了，更遑論 AI，所以我相信類似的「AI 價值觀」事件只會層出不窮。

因此，雖然 ChatGPT、Google Gemini 等生成式 AI，已經是很多人工作上的好幫手，但它不時一本正經胡說八道的行為、或是因為價值觀而激怒特定人士的行為，常常就是像這樣令人傻眼，演變成一個大事件。請注意，每個大模型 AI 現在都有產生幻覺和胡說八道的問題，Gemini 並不是唯一一個，這個問題截至目前還無法完全解決，研究人員也傷透腦筋。

生成式 AI 現在最麻煩的地方，就在於這個「幻覺（Hallucination）」問題：AI 會捏造不存在的事實，而且講得煞有其事。

如果是平常無聊打打屁就算了，但要是想和女朋友出門約會，請它推薦幾間不錯的餐廳，結果它列出的內容統統不存在，那就糗大了。又或是生成式 AI 被誤用在導航或是飛行這種人命關天的任務上，一旦出現幻覺，後果不堪設想。

我一直強烈主張生成式 AI 不能用來提供精確訊息，也沒有這個必要。因為生成式 AI 的底層架構設計，一開始就不是設計用來產生精確的訊息，它只是生成人類可能最想看到的答案。既然技術的底層邏輯就是這樣了，卻想要透過後天的再調教把事情弄對，這怎麼看都像是本末倒置。

2023 年底《紐約時報》控告 OpenAI 和微軟，除了指控他們將自家內容做為訓練 AI 的素材外，還提到 ChatGPT 會將錯誤的訊息安上《紐約時報》的名號，造成報社名譽受損；你現在打開 ChatGPT，會發現裡頭有一行小字寫著：「ChatGPT 可能會出錯，請考慮核對重要資訊。」其他大廠也都跟進加上這樣的警語，目的除了免責，也顯示出大廠也尚未解決幻覺問題。

在這些問題持續存在的情況之下，企業能做的事情，就是以顧客為導向，將 AI 當成輔助，而非提供精準資訊的工具，去思考怎麼把顧客與 AI 互動的體驗盡量提升，取得市場先機。

你信任機器做出的結論嗎？

無論是在金融、製造、醫療、遊戲、電商、網紅行銷等任何一個場域，AI 到底是不是給你正確、精準的資訊，以及它背後是怎麼判斷的，會是接下來的應用關鍵。例如銀行用 AI 分析一位顧客能不能拿到貸款時，消費者會問：「AI 為什麼不給我貸款？為什麼判斷我是無法還款的高風險族群？」針對這些疑問，現在的 AI 還無法給出解釋，也就等於讓使用者獲得不好的體驗。

而「體驗」連結的是「信任」，你提供我好的體驗，我自然會提升對品牌、產品的信任與好感度，這是人類的天性。所以當 AI 做出這麼多決策，卻又無法提出解釋時，讓使用者很難信任時，AI 的普及就會遇到阻力，這也是先前義大利直接禁用 ChatGPT 的原因。目前歐盟已經開始實施，歐盟公民有權利要求企業對機器做出的決定提出進一步的解釋。舉例來說，如果 AI 做出「拒絕貸款」或是「調高信用卡額度」的決策，消費者是有權利要求銀行提出解釋的。

相較世界其他地方在發展新科技時，都是趁著政府或立法者還沒回過神時直接衝撞市場，在與監理機關的不斷拉扯當中逐漸取得平衡，歐盟則是一開始就對科技採取「白名單」的治理原則，預判風險預先立法，一旦業者觸法就是重罰。而不是像其他地區一樣，往往是讓新技術毫無阻礙上線，等出了問題再來想配套的方案是什麼，所以 AI 在歐洲發展得相對緩慢，這是歐洲的選擇，採取了極度偏向風險趨避的做法。

面對 AI 落地時衍生的信任、可解釋性問題，有些企業可能會覺得委屈，想說我們真的沒有要做壞事啊，為什麼還要花費額外的成本，投資信任科技。但我覺得其實可以採取另外一種觀點：不妨從顧客的角度出發，將挑戰轉化成體驗，化危機為商機。

我們已經非常習慣在 Google 輸入關鍵字後得到搜尋結果，但應該沒有人知其所以然吧？ Google 究竟是怎麼排序這些搜尋結果的呢？這個問題，我相信就連 Google 自己的搜尋團隊，也無法給出完整的解答，一方面如果公布太多技術細節，會讓外面的使用者有機會操弄 Google 搜尋引擎來獲取不當利益；另一方面，Google 的排序演算法可能已經複雜到無法有任何一個人可以輕易解釋清楚。

我們只能自己猜測：可能因為這個網站比較有公信力，

所以被排在前面。或者就是單純相信 Google 這個品牌，心想反正它一定會列出最佳結果，不然大家不會一直使用。但現在不只搜尋的結果頁開始被塞滿廣告，有些詐騙廣告還會趁機溜到前面，讓大家心裡的問號是愈來愈多。

提供解釋性說明，增加使用者的信任

隨著人們對搜尋品質、體驗的要求日益增加，以 iKala 來說，我們就試著讓 AI 網紅數據服務「KOL Radar」主動且詳細地跟使用者說明，為什麼網紅 A 排名第一、而網紅 B 排名第二，這就是將信任問題轉化為體驗的例子，讓搜尋結果具「可解釋性」。舉個假想的例子，行銷人員在 KOL Radar 搜尋關鍵字「智慧型手機」後，發現「林襄 Mizuki」是排名滿前面的網紅，那他肯定會好奇為什麼要將林襄放在搜尋結果放在前面，這時 AI 可能會在旁邊附上簡單的說明：「因為林襄在 IG 上曾經舉辦過智慧型手機的抽獎活動。」同時還會附上參考的網址。有些行銷人員必須告訴老闆挑選某位網紅的原因，那麼他看到這個服務時就會覺得體驗提升了、對搜尋的結果也更了然於胸，而且 KOL Radar 等於還幫我把一部分的提案報告寫完了，兩全其美。

放眼市場，科技巨頭也正在做這件事。如果對微軟的 Copilot 下指令，請它幫忙搜尋幾間台北的米其林餐廳，你會發現它不只提供結果，還會附上參考網址。我預計接下來「AI 可解釋性」的研究會愈來愈多，類似的搜尋服務會逐步進化之外，各種應用場域都會因為要提升消費者的體驗和信任，投入這方面的技術研究和應用。

不過 KOL Radar 就跟 Google 以及其他生成式 AI 搜尋的工具一樣，這些解釋性服務仍在市場摸索階段，我們也很好奇，使用者真的需要這項服務嗎？接受度高不高？老實說目前我們仍不確定。因此我們的因應方式，是選擇小步快跑、快速迭代，向市場學習。

打造以「AI 大腦」為中心的中央廚房

不只是 KOL Radar，身在快速變化的環境中，iKala 對於所有產品的迭代，都有著高速要求。我們在 2012 年開發產品和服務時，是採瀑布式開發，剛開始還覺得沒什麼問題，可隨著客戶對產品的要求愈來愈多，加上 iKala 又有許多產品線，不同產品的開發方式不一樣，我們就改採混搭做法，有人走瀑布式開發，有人走敏捷開發*。

再向前快轉到2023年，生成式AI問世後，我們在產品開發全面導入敏捷開發，同時也盡可能改變組織的運作模式，提升同仁工作效率。以往iKala的AI專家是配置在不同產品線，但後來我們發現，做為提供AI技術和解決方案的供應商，這樣的運作模式缺乏效率，因為有些產品、服務會被重複開發。比方說一個分析、彙整歷史資料的AI模型，產品A、產品B、產品C裡頭全部都有，而被分在不同團隊的AI專家，等於是重複訓練、調教、維護這些模型，這完全沒有必要。

為了解決問題，我們拉了資料管線，以資料為核心帶入「AI大腦」的運作模式，除了我們之前所講的，將AI當成水電使用；更重要的是，我們將所有的AI專家集合在一起組成團隊，像是打造一個中央廚房般，統一管理食材後再出菜，新鮮的食材要趕緊做成料理並送到下游，過期的食材則要丟掉。同樣的，AI模型做為每個產品的中心，每一個模型是要淘汰、更新還是增添訓練資料，都有一套標準作業流程在維護（這在業界稱作MLOps，機器學習維運），目的

* 瀑布式開發（Waterfall Model）講求先後順序，需要經歷需求分析、架構設計、實作、測試等階段，必須完成前一個階段才能開展下一個階段。敏捷開發（Agile Development）則是應對快速變化需求的一種專案管理法，講求團隊合作、靈活性和小功能的反覆調整，讓團隊針對前次的回饋進行修正。

是讓模型迭代的速度持續縮短，從以前以一、兩個月的頻率發布一次更新，到現在每兩個禮拜一定會更新一次，接下來我還期望團隊做到每週迭代一次。

特別要強調的是，我們就連內部會議都落實「敏捷」。iKala的執行管理團隊，裡頭有行銷、產品開發、技術、業務、財務等跨部門同仁，對於這個跨部門團隊的運作模式，我們也採 Scrum 架構，每天開 15 分鐘的站立會議，每兩週開一次彙整會議，之後再進行下一個新的衝刺。

員工給 AI 的反饋，是每家企業最珍貴的資料

另外，「向市場學習」也是必要原則。創業 10 多年來，我深知身在 B2B 軟體產業中，使用者回饋通常來得很慢，因為 B2B 軟體廠商不像面對一般消費者的 B2C 廠商，每天都會接到打來罵你的客訴、網路上的負評，這些都是很即時的回饋。而 B2B 公司要得到回饋，通常是業務拜訪客戶，詢問最近產品用得怎麼樣時，才會蒐集到一些不是太結構化的資料，這就會讓回饋來的速度變慢了。

之前我問產品經理，現在市場到底需要什麼？他們多數

時候講得不清不楚，大部分的回答都是：「客戶說他要這個、那個。」我認為這毫不科學，也沒什麼代表性，因為每個人的回答都不同。所以我們現在是運用拉好的資料管線，讓 KOL Radar 在吐出搜尋結果給使用者時，立刻就開始觀察它有沒有點第一個、第二個網紅，又或者是誰都沒點，反而往下找其他人。

要是發現使用者去點了排序第五、第六的網紅，代表這一次的搜尋結果不好，這個回饋就會回歸到我們的 AI 大腦，並納入精準排序的參考指標。我們等於是在快速迭代產品之外，蒐集資料的頻率也變得更加即時，以往我們是兩週更新一次網紅資料庫，現在則是使用者一點下去，就會秀出最新、最即時的結果。

維運 AI 產品，最重要的其中一個面向就是建立起「人類給 AI 的反饋」，這些使用產品的反饋是每家企業最珍貴的 AI 訓練資料，無論是 B2B 或是 B2C 的公司都適用。

天下武功、唯快不破，當「時間」這個人人都有的齊頭式資源，成為最寶貴的要素，帶著謀略小步快跑，快速嘗試、快速失敗，向市場學習才是重點。

Chapter —— 21

向世界學習經營心法

從 AI 的宏觀發展來看，

各國的商業環境各有其值得學習之處及特性，

若能看見並學習別人的優點，

必能有所收穫和持續成長。

在AI繼續快速發展的當下，每個企業領導人肯定都會問自己：我接下來要怎麼持續當個稱職的領導人？我要用什麼樣的方式繼續帶領我的組織前進？

企業領導人普遍都有一套自己的心法，我不敢說自己是什麼厲害的CEO，只是每天持續兢兢業業帶領iKala前進。但雖然只是經營一家小公司，時間久了也還是累積了一些自己的心法。我希望能利用本書有限的篇幅，從中美日AI發展現況的視角切入，跟讀者們分享一些些個人在AI時代的體悟。

ChatGPT問世，瞬間拉大中美雙方的AI發展差距

一直以來我並沒有單一主要的學習對象，我的做法是從不同的國家、往來的不同企業和領導人身上，萃取值得仿效的元素。比方說，我會向美國學「創新」，汲取中國大陸的「企圖心」，以及效法日本商業習慣中的「嚴謹」。總之，就是想辦法把別人的優點統統學起來就對了。

ChatGPT、Gemini和Midjourney這些來自美國的生成式AI工具，似乎蓄勢待發要開始建構人類的智慧新文

明，也象徵了美國強大的創新能力。但可能很少人知道，在ChatGPT 正式推出之前，美中兩國在 AI 的發展其實進程非常接近，兩國的研究交流也非常密切。

在 2020 年前後，中國發表 AI 論文的數量、品質、被引用的次數甚至已經超過美國，這也是為什麼中美宣告脫鉤時，美國會在半導體之外，也將 AI 列為第一時間要封鎖輸出的技術。

其實從 AI 的宏觀發展來看，就會發現各國的商業環境各有值得學習的地方及其特性。

到了 2022 年年底，OpenAI 突然發布了震驚全球的ChatGPT，瞬間拉大中美雙方發展 AI 的差距，讓美國又突然往前衝了 10 步。

事實上，美國就是最會創新，而且是每隔一陣子似乎要被追兵趕上的時候，就會突然加速往前衝一大步。所以我才說「創新要學美國」，美國多元和開放的環境，正是孕育這些創新的重要基礎設施，相較之下其他國家則是望塵莫及。我相信未來核融合、量子電腦等關乎人類建構智慧文明的關鍵技術，依然會是由美國藉由跳躍式的創新，展現領導局面。

美國的強項：商業基礎設施完善厚實，正向思維的教育方式

但為什麼美國總是能出現既創新，又能發揮極大影響力、永續經營的企業或團體？我歸納出兩大原因：

首先是美國的商業基礎設施是完善、厚實的。一個好的創新在美國一旦被提出來，各方專業人士（例如銷售、行銷、工程、法務等等）會馬上匯聚在一起，一起將這個創新發展成一家強大的公司。

而商業基礎設施不好的地方，則是專業分工不夠深，企業領導人通常得自己去找資源，並且學會所有的東西。導致工程出身的創辦人必須去學行銷、銷售、管理、人資，一路自己做到底，這就造成東西方企業發展的速度不同。以網路產業來說，像 Google 這類企業，平均成立 6 年時間就上市，但同樣的商業模式搬到東方，可能要花費 10 到 12 年，等於是多一倍的時間才有辦法上市，這段時間差所代表的，就是創辦人要多花時間去學會所有的東西。

其次，美國的學習、教育方式造就他們強大的自信心。美國向來鼓勵正面思維，一杯水是「半滿」還是「半

空」，美國人看見的通常是半滿；小朋友即使畫圖畫得亂七八糟，老師一開口永遠就是：「哇！你是未來的畢卡索、達文西。」東方人則是考99分回家後:「啊？你怎麼少一分？班上有沒有人考100分？為什麼你這邊會粗心？」在這樣的情形下，東方的傳統教育會教出一群沒什麼自信的人，可是人的能力和特質其實是沒有什麼種族差異的，整體來說都是鐘型曲線的分布，大部分人都位在中間，但為什麼到最後大家的成就還是有所差異？關鍵就是來自教育和自信心。同樣的問題大家可能都會想得到，但是有自信的人會第一個提出來，並且把它當成一回事，真的開始研究該怎麼解決，接著就是商業化、擴大規模。

中國的強項：企圖心強，整合動作快

那麼，中國大陸做為台灣左岸不容忽視的存在，我們又可以向他們學些什麼呢？我認為是「企圖心」。

如果說美國是開創者，中國大陸就是超級快速的跟隨者，要將先進技術變出最後的商業應用、整合，中國大陸做得比美國好太多了。中國大陸雖然較少出現跳躍式的創新，但是一旦取得外部創新，往上疊加很好的優化與整合，會很快落地應用場景，藉此取得商業競爭優勢。

要是走進中國大陸的餐廳，一定會為高度自動化的場景震驚，吃個火鍋從頭到尾所有東西都是機械輸送的履帶，不時還有機器人在餐廳裡穿梭，外場自動化程度甚至比日本還要高。再看到中國的電子支付，支付寶、微信掃碼，同樣比美國、日本、台灣都先進太多。

有人稱中國大陸會有這樣的表現，是出於強大的「企圖心」，但我們更常聽到的說法是「狼性」。台灣現在跟中國大陸相比，有點像兩個極端。中國大陸因為步調快、競爭激烈，為了求生存，一有想法就要立即著手去做，他們的外顯、外放，有時候看了會覺得到了不擇手段的地步。

台灣很難做到這種程度，但是我們可以往中間靠攏一點。我觀察多數台灣人生活在富足的時代，而且求學大部分的時間都在學怎麼考試，導致出社會後往往不太確定要做些什麼，還得再花時間尋找人生的意義。我覺得這滿可怕的，表示他的人生根本沒有學習，如果你很明確知道自己想投入的事情是什麼，就一定會有企圖心，而且會拿出比別人更多的努力，為了達成目標而樂在其中。

基本上台灣人的工作品質、誠信、善良都有一定基礎，要是再加點企圖心，在意你的產品好不好用，關注你和競爭對手的差異，創新和進步的因子就長出來了，畢竟良性競爭向來是社會進步的動力。

日本的強項：嚴謹，行事穩健

至於日本，我們可以效法的則是「嚴謹」。目前日本正在慢慢走出 40 年的經濟停滯，如今隨著 AI 時代到來，他們確實看到了曙光，例如國家面臨人口老化、人才流失的問題，日本做為機器人、機器手臂大國，擁有最多的相關專利，能為工業、商業的應用帶來全新機會。但日本擬定發展策略時，會同時考慮到整個社會的進程，以自己的嚴謹節奏適應世界。有人說他們慢，可是也有人說他們穩，就看你採用什麼視角和哲學。

我的母親從小對我們採取日式教育，凡事講求內斂、高度責任感、要求完美、沉默寡言，幾乎可說是到了鑽牛角尖的地步。小時候我們一家出國前，她會列出一張準備清單，並且重複檢查三次、每個項目打三個勾，一絲不苟，所以我們出國從來不會臨時需要買什麼東西。這樣的作風連帶影響到我，並在工作上將嚴謹奉為圭臬，工作當中有任何一點點細節弄不對，都會讓我非常不自在。

所以我其實花了很多時間在改同事的文件和投影片，天底下大概沒幾個執行長會自己動手這樣做。在改這些文件時，我除了會按照自己一套敘事架構去做修改之外，其他細節也不放過，例如我會堅持要讓字型的大小一致，英文字和中文字中間一定要有空白。

好吧，我承認我花太多時間在這些事情，應該更有效地運用時間才對。不過同仁的改變也是看得見的，他們有時會把我每個月寄給大家的幾十頁備忘錄、會議紀錄印出來，一一畫下重點，代表他們深入去了解我現在正在關心的所有事情。類似這樣一定程度的「嚴謹」落實在工作上，可以減少很多溝通的摩擦力。

另一方面則是這幾年和日本生意往來的過程中，我發現日本人在技術規格、商業習慣上，都有一套自己的做法。他們會選擇一步一腳印、穩健地往前走，但是他們一旦踩上一個階梯之後，就會全心全意投入，絕對不會再走下來，這就是這個社會進步的模式。

日本是全世界的機器人和機械技術大國，正在積極進行數位轉型，需要有更多軟體解決方案的協助來升級本地產業，那麼台灣的軟體公司，是不是就有機會在其中施展手腳呢？這應該會是未來幾年「台灣＋日本」最重要的一個合作方向，只要張大眼睛，你會找到機會。

對企業領導人來說，看見每個國家、每間企業、每個領導人的優點，自己肯定能有所收穫和持續成長，這個思維在AI 時代也絲毫不會改變。

關鍵思考

- 未來一家沒有 AI 的公司，就像沒水沒電，很難施展。但在導入 AI 前，必須先拉好企業內部的「資料管線」，也就是要先將散落在四面八方的資料，先做集中管理，才能有效發揮即戰力。
- 隨著數位時代到來，產業和營運模式的界限逐漸打破，對於有做 D2C 的企業來說，導入 AI 是維持領先的要素之一。
- 數位商務的關鍵思維是「贏家全拿」，除非你能掌握市場的需求方經濟，讓你的創新規模化，否則很難用 AI 創造出新價值。
- 愈來愈多企業注意到生成式 AI 的好處，開始積極整理內部資料，但光是成立資料庫還不夠，重點是要運用生成式 AI 萃取當中的「理解能力」，並思考如何將這項功能放入產品、商業模式和內部決策，才能產生有效的運用。
- AI 發展到現在，已是一種完全以數據驅動的技術，沒有數據就沒有 AI。此外，也千萬別忽略「資安」這項剛需要素。這些都是企業領導人一定要趕快植入腦袋中的戰略思考。

Part 4

當前與未來

看懂AI技術現在進行式

Chapter —— 22

AI 助理、機器人與 AI 醫療即將大爆發

從緩解缺工、疾病治療到提升生產效率，
許多人類長久以來難以解決的問題，
隨著 AI 在眾多領域的大躍進，
將有立即且重大的變化。

如果說面對未來強大的 AI，人類還有什麼僅存的優勢的話，大概就是我們身而為人的積極主動性了，2023 年是我自 20 年前跨入 AI 領域以來，吸收 AI 資訊最多的一年，全年的資訊量恐怕比過去 19 年累積起來還要多。我每天醒來就是吸收數百頁的 AI 產業新資訊，Pocket 裡面放的全部都是 arXiv 的論文連結。

以往我每個月寄給 iKala 同仁的公司內部備忘錄，頂多也就 10 頁的內容而已；但生成式 AI 出現後，我現在每個月寄出的內容多達 50 頁、超過 4 萬字，幾乎全部都是我對於 AI 的實戰經驗總結、近期發展，以及未來的趨勢預測。

AI 精靈將無所不在

在我的筆記中，我將 AI 分門別類成 30 個主題，包括遊戲、醫療、建築、教育、機器人等各個產業的應用，還有資安、法規、神經擬態的晶片、AI 與量子電腦的結合等等。其中，我特別關注智慧助理、機器人、新藥研發和醫療領域，在我看來，AI 將會為這些領域帶來立即且重大的變化。

首先，ChatGPT 已經證明了能以自然語言和人互動，因此在人與軟體的協作上，會變得愈來愈自然，有更多語音互動的可能。無論是操作試算表、搜尋資訊、寫一篇文章的段落，講一講可能都比自己打字還要快很多。

舉例來說，現在很多人試算表用得嫻熟，我自己就每天都在弄試算表，反正都是剪下、貼上、複製，如果一個試算表不能解決問題，那就用兩個試算表來解決，這已經是我們日常工作的常態。但是日後這些試算表在高度自動化後，其實工作者可以用講的就完成工作：下一個簡單指令，就可以讓 AI 完成任務，不再需要像以前的學習曲線很高，任何問題可以都問試算表裡面的 AI 助理。

如今大廠紛紛把生成式 AI 小精靈置入生產力工具當中，例如 Google Workspace 和微軟的 Office 作業系統，都會有小精靈在旁邊隨時提示，協助你要完成的文章段落、公式、或是任務，在一旁給出建議和多種選擇，讓你一鍵完成小任務。還記得以前微軟 Office 的迴紋針小幫手嗎？這個具有時代代表性但是非常難用的小幫手，現在已經全面進化成 AI 精靈了。

ChatGPT、生成式 AI 讓智慧助理更聰明

除此之外，語音的進化，會立即帶出更龐大的「智慧助理」商機。

我想各位在使用智慧型手機的時候，一定曾經想過：「手機的智慧助理又笨又無聊。」從蘋果的 Siri、Google 助理到亞馬遜的 Alexa，在生成式 AI 出現之前，市面上的智慧助理能解決的任務非常有限。比如說我曾經打開 Google 助理，直接問它「你會做些什麼事情？」看看它最近是否有明顯進步時，它回答：「你可以試著說開燈或開燈。」我滿頭問號，開燈或開燈是什麼意思？我根本沒有用智慧家電連結我的手機，所以它的回答讓我充滿困惑。

話不投機半句多，這種不順暢的對話體驗，一次就足夠讓我們對原本的手機智慧助理失去信心了。

讓我印象最深刻的，是一次我開車帶女兒去台中吃燒肉的途中，女兒一直喊無聊，我就叫出 Google 助理講笑話。女兒每聽一個都格格笑個不停，但 Google 大概講到第 10 個笑話左右就開始跳針重複，無奈女兒一直很嗨，可以忍受這些笑話（這比 Google 助理只會講 10 個笑話還讓人更驚訝），

到後來我已經快受不了，一邊好奇女兒聽這麼多次怎麼還能笑得出來，同時也發現智慧助理這一路走來，真的沒什麼進步。

什麼？你說智慧助理能幫忙搜尋資訊、導航、買東西、播音樂啊！可是這都是些 nice to have 的功能，你不用跟智慧助理對話同樣可以快速完成這些任務。你要聽音樂，用手機 APP 點一點，或者投放到機器上就好，你真的需要一個會跟你交談的機器叫它播音樂嗎？想必不用吧。

而且在許多場合裡，其實不適合對著手機講話，比如說開會時要叫出智慧助理，有其他人在場就很尷尬，或者在捷運上你要叫助理出來講話，也會非常奇怪。

就是因為智慧助理不夠人性、AI 不夠聰明，無法做到流暢的對話、完全的理解，讓科技巨頭一直沒在這個領域投注太多資源。但隨著 OpenAI 發布 ChatGPT、生成式 AI 出現，巨頭們發現人們願意與 AI 對話，AI 也有能力回應，認知到原來大型語言模型才是智慧助理的解答，這當然不能讓 OpenAI 專美於前。尤其 OpenAI 在推出 ChatGPT 後，緊接著再宣布的，是全面開放語音轉文字技術 Whisper API，立刻展現出吃下智慧助理市場的企圖和發展生態系的目標。

來自瑞典的線上科技金融公司 Klarna（Klarna Bank AB），以提供「先買後付」（Buy Now, Pay Later）的小額行動支付聞名，他們看出生成式 AI 強大對話能力在「客戶服務」的龐大商機，馬上透過與 OpenAI 的合作，把線上客服這件事情帶到一個新的高度。

根據 Klarna 在 2024 年 2 月底公布的資訊，在導入與 OpenAI 技術合作的線上客服機器人一個月之後，AI 處理的客服對話數量已經占全公司的 2/3，達 230 萬次對話，這個工作量相當於 700 個真人客服一個月的工作量。不僅如此，處理的效率也有顯著提升，真人客服平均要花 11 分鐘解決客戶問題，而 AI 平均只需要 2 分鐘，同時這個 AI 客服也把重複詢問的問題數量大幅降低了 25%。整體的成效計算下來，每年可以讓 Klarna 額外榨出 4,000 萬美金的利潤，是相當顯著的營運效率提升。

同時，我預計接下來巨頭也會加快升級現有智慧助理的速度，讓智慧助理嘗試理解你的意圖，然後跟你展開有用的對話和互動，協助你完成任務，加上各大消費性電子品牌紛紛發布 AI 手機、AI PC，裡頭也當然少不了智慧助理，連帶會加速語音轉文字和即時翻譯的種種應用。

AI 終於像是個稱職的助理了。

將有更多機器人走進日常生活

談完了虛擬的 AI，那麼一直以來大家寄予厚望、能緩解缺工、甚至做到人類陪伴的機器人呢？我相信 2024 年就是機器人產業大爆發的一年。AI 跟物理世界真的結合了，我們和那些好萊塢機器人電影的距離將變得更靠近。

2024 年 3 月萬眾矚目的 GTC（GPU Technology Conference）大會上，輝達 NVIDIA 執行長黃仁勳宣布推出通用基礎模型 Project GR00T，讓人形機器人能理解自然語言、模仿人類動作，並直接展示了一排可愛又吸睛的人形機器人；而特斯拉則早於 2023 年底，就在 X 上釋放出第二代人形機器人 Optimus Gen2 的展示影片。影片中，Optimus Gen2 可以走路、深蹲、拿雞蛋，動作精準而且蛋還不會碎，裡頭可能牽涉幾百、上千個細微動作的整合，過往這非常困難，但是特斯拉已經做出一個 demo，代表這些事情是做得到的。

事實上，機器人要做任何一個動作，比如說手指要捏、要揉，個別要花多少力氣，都必須一個個分開來訓練，訓練完後再將動作組合起來。史丹佛大學電腦科學系教授李飛飛的方式，是把人類所有能做的動作拆解成 1 萬多個。2023 年 3 月她來台時，和我聊到機器人已經能解決 3000 多種動作，現在想必又大有進展；不過，能做到各種動作，也還要能「整合」，整合是決定機器人能做到多少事的關鍵，所以你會看到為什麼機器人會先從泡咖啡開始，因為它牽涉到的動作只有 10 數種，整合起來相對容易。

我推測機器人會先以單一任務導向的消費者場域開始擴散，比如安排只會泡咖啡、只會打蛋的機器人在咖啡館裡工作；又或者是應用在細微動作比較少的健康照護場域上，以解決缺工問題，以病患最常見的翻身來說，我們只要透過數據和電腦視覺運算的輔助，知道患者的體重、體型，機器人就能偵測到病患是否有趴好，以及清楚到底該用多少力氣協助病人翻身。

但要注意的是，因為是任務導向型的機器人，你突然要打蛋機器人去炒飯，就可能會出事。這其實就跟生產線一樣，機械手臂都只做單一的動作，例如它只鎖螺絲，而且還鎖在一公釐都不差的固定位置。但是你不會部署一個機械手臂，然後期待它到處去看哪裡有洞需要鎖螺絲。

以單一任務導向的機器人來說，目前日本和韓國是我看到實踐最快的國家，日本開始在咖啡館導入生成式 AI 的機器人，韓國則是讓機械手臂幫忙泡咖啡，還有在科技、數位相關的展會中，都大量採用現場帶位的機器人，帶來賓來做導覽，或者是指示機器人東西在哪裡要它去拿。這些互動都不是單憑以前人類在那邊點點面板而已，而是直接以自然語言和機器人互動，要它完成任務。

AlphaFold 翻轉科學研究，加速新藥研發

在智慧助理和機器人之外，我還特別關注新藥研發和醫療的發展。

AI 已經證明自己可以改變科學研究的方式。2018 年，Google DeepMind 首次推出蛋白質結構預測模型 AlphaFold，並持續更新模型，讓研究人員能預測目前所有已知具備序列數據的蛋白質結構。

過去化學界、醫藥界頭痛的事情之一，是找出能用的蛋白質摺疊結構。蛋白質就是一坨東西，摺成不同形狀就有各種功能，然後它在跟不同的細胞結合之後，也有產生療效或

毒性的可能。一直以來，人類無法一次想像出太多的蛋白質結構方式，一定得靠電腦模擬，問題在 AI 出現之前，電腦的模擬都很土炮，頂多就是運用 3D 設計，再去試驗看看可不可行，人類等於是花了 40 多年的時間，才找出 20 幾萬種值得探索、應用的蛋白質結構。

AlphaFold 的出現，則翻轉了整個研究， AlphaFold 運用 AI，直接在三個月內找出 2 億種蛋白質結構，而且數量還在不斷增加當中。從 20 萬到 2 億是整整 1,000 倍的增量，當然這些蛋白質結構並非能解決所有問題，但能讓科學家從中挑出有機會研發新藥的蛋白質，就大大減低了第一個步驟的時間。

目前研究人員紛紛致力從公開的資料庫中挖寶，以往我們是連金山在哪裡根本都不知道，AlphaFold 是先找出了金山，告訴你只要往裡挖，應該可以從中挖到東西。我認為這是 AI 改變科學研究方式相當有代表性的成功案例，我們從原本提出理論、實驗、測試到底對不對的堆疊式路徑，到現在整個倒過來，告訴你有這麼多種蛋白質可以運用，你再從中挖寶，也就是一種「以終為始」的研究途徑。

人類研發新藥的進程向來緩慢，一般疫苗、新藥要上市，都必須取得 FDA 認證，往往 10 年、20 年跑不掉（新冠疫苗是特殊事件所以例外），但有了 AlphaFold 的例子，AI 的以終為始，勢必會提升「新藥研發」的速度。

「以終為始」也能被應用在軟體開發、晶片設計上。AI 發現人類編寫程式時，為了讓自己便於理解，設計了很多不必要的機制，但 AI 能回過頭來拿掉不必要的地方；硬體領域一樣，IC 設計的關鍵在於電路板的配置，而人類設計這些晶片的路徑，是採取不斷試錯的方式，一方面 AI 試錯的速度很快，另一方面，AI 可以為自己動手術，把晶片裡不需要的東西切掉，目前已經有一些新的晶片，裡面某部分結構是 AI 設計的。

Google、微軟爭相投入「精準醫療」

說到底，我最期待的，是 AI 能在醫療上有所發揮。

現在醫師都是靠著「經驗法則」在問診，畢竟一天門診可能要看一、兩百個病人，看到眼睛都花了，所以醫師只能靠眼前病患的病史、描述的症狀、加上自己的經驗立即推測你最有可能出了什麼問題，然後做出診斷，這是一種靠著

「統計推理」的判斷方式。但有時的結果是，別人吃了藥品 A 沒事，你卻因為體質關係，吃了藥之後產生別人沒有的副作用。現在的醫療資源和科技尚未做到醫療的高度個人化和客製化，但 AI 有機會逐步讓這件事情成真。

「精準醫療」已經講了很久，就是要將以往用「群體大數據」在看醫療的方式，變成用「個人大數據」來看醫療的視角，每個人的心跳、基因、生命徵狀都是大數據，讓 AI 運用非常大的類神經網路學習和理解這些個人健康歷程的大數據，進而在進行診斷時，連結兩個看似完全無關的因素，找出人體與疾病間的因果關係。

「找出因果關係」是 AI 接下來在醫療領域的一個大題目，以往我們用「專家系統」的規則式 AI 想要解決這個問題，但成效不彰。現在包括 Google、微軟兩大科技巨頭，都展現出對精準醫療的積極態度，因為和人體有關的醫療，實在是太大太大的商機了（比起他們現在投入的「奪取人們注意力」重要更多）。

從缺工的緩解、疾病治療到生產效率提升，那些人類長久以來未被解決的問題，隨著 AI 在智慧助理、機器人、新藥開發、晶片設計和醫療上的躍進，或許有機會找到出口。

Chapter —— 23

「少即是多」的 AI 設計趨勢

使用者通常都喜歡簡單清爽的設計，
Google、蘋果的產品都在實踐「少即是多」這項原則，
進入人與 AI 協作的時代之後，簡約的美學也同樣適用，
可以預見心理學、認知科學、神經學和工業設計將更為火紅。

2014 年有部電影《模仿遊戲》，講述英國數學家圖靈在二戰中，幫助盟軍破譯納粹德國軍事密碼的真實故事，這部電影非常好看，入圍美國奧斯卡八項大獎，最終獲得「最佳改編劇本」的獎項。其中，電影名稱「模仿遊戲」，指的就是專為 AI 設計的「圖靈測試」，如果人類跟一個 AI 聊天對話，要是沒有察覺它是 AI 的話，這個 AI 就通過圖靈測試，被認定是有智慧的。

愈了解 AI，使用體驗更好

我最近發現，專家學者因為想檢視 AI 到底有多像人、智慧程度有多高，開始把原本給人類做的一大堆心理學測驗拿去給 AI 做，心理學測驗儼然已經成為新的圖靈測試。也代表著「人機協作」正進入「人與 AI 協作」的新階段。

事實上，人機協作從來不是新詞，生產線上本來就是人機協作，尤其在組裝線的工作流程中，前端會由機器撿料，到後端機器無法組裝的部分，就由人負責完成，等於是一個蘿蔔一個坑，人和機器在各自的崗位上各司其職。

而當生成式 AI 出現，能與人互動、對答如流，就象徵著它不只能單方面接受指令、吐出一個單一答案，它的維度還擴張成跟人真的在協作一樣；人類可以用自然語言和 AI 聊天、互動時，自然也會將機器擬人化、融入自己的情緒，或者說我們認為它應該要展現「人性化」的一面。

問題是「人性化」在之前的人機協作當中，是從來沒有出現過的。以前大家只覺得電腦、機器是輔助工具，單向使用 Office 作業系統、Photoshop、CAD（Computer-Aided Design）等輔助軟體就等於所謂的人機協作。於是，在人機協作提升到人與 AI 協作的層次時，原本的心理學、認知科學、神經科學又出現了一個新的科學研究方向，那就是「AI」。

唯有愈了解 AI，才能讓人類在與 AI 協作的過程中，擁有更好的使用者體驗，進而帶動作業的順暢。但老實說，要做出好的使用者體驗從來就不是容易的事，姑且不論 AI 的應用與服務，光是在一般智慧型手機、Photoshop 等軟硬體的設計上，使用者體驗都是一個龐大議題。

掌握「少即是多」的大方向

舉例來說，使用者通常都喜歡簡單清爽的設計，「少即是多」是不論 Google、蘋果等等科技巨擘自創立以來，都花費極大力氣在實踐的價值。Google 成立 26 年以來，「搜尋」就只有一個框，首頁始終乾乾淨淨、沒有其他東西摻雜在裡面，它是選擇把所有複雜的事情都放在我們看不見的背後；蘋果的可攜式媒體播放器 iPod（還有人記得這東西嗎），原本是有按鈕的，後來工程師設計 iPhone 的時候，原先也提出設置鍵盤的想法，但賈伯斯堅持不要鍵盤，工程師只好採用觸控面板，想方設法用軟硬體的進步來解決。

從 Google 和蘋果的例子可以看出，極簡主義在設計和技術上很困難，卻帶來非常好的使用者體驗。而進入人與 AI 協作的時代，人們同樣會對使用者體驗有所要求，少即是多在這裡同樣適用。

以虛擬領域來說，我們接觸到的 ChatGPT、Gemini、Copilot 都很厲害，使用上也很直覺，只要聊天就可以用，但當你要取其中一部分功能來用時，該怎麼融入工作流程，才能真正提升員工的生產力？如果要請 ChatGPT 幫忙發想草稿或整理簡報，又要怎麼教育員工？該用哪些工具將這些功能兜在一起？這些議題有的已經進入實作，有些則還在摸索，我相信只要介面、流程、體驗做得好的，一定會非常快冒出頭。

當機器人走進你的日常生活

另外受到人口老化、全球勞動力減少的關係，接下來 AI 還會從虛擬走進實體世界。只要把 ChatGPT 裝到機器人上，我們可以期待在展場與機器人聊天、在餐廳指揮它點菜、送盤子、端餐盤、送毛巾，但人怎麼跟機器人相處，同樣是個新議題。

外送平台優步（Uber Eats）很早就攜手美國機器人公司 Serve Robotics 開始測試送餐機器人，2023 年 5 月，優步又宣布 2026 年起，將出動 2000 個 AI 機器人大軍，在美國的大城市進行外送服務。

我們都不要講到太理想的人與機器人毫無縫隙、完美協作層面，光是提出一個簡單的問題：當優步的送餐機器人在大馬路上跑的時候，路人會不會去攻擊這些機器人？這是非常有可能的。比方要是一些小屁孩在路上看到機器人在送一碗餛飩湯，或許就故意把它踢飛，但那可是會造成店家損失與衍生糾紛的。所以從維持社會穩定安全的角度來看，一個機器人最起碼要做到的，是不要設計得讓人討厭。你要是有留意到目前市面上的機器人，就會發現它們都被設計得很可愛，畢竟你平常應該不會去毆打一個長得很可愛的人吧？

又或者許多餐廳、旅館已經開始採用的服務型機器人，當然目前在動線設計上都經過妥善安排，機器人也不會做出傷害人類、讓顧客受傷的行為。可是送盤、送碗的過程中還是會有死角，機器人仍然可能朝著消費者一路衝撞過去，到底該怎麼設計，才會讓服務流程順暢、使用者感到滿意？別讓客人到餐廳還要和機器人聊個半小時、讓機器人撞一下才能成功吃到一碗飯，這些都是推出服務的企業正積極處理的議題。

心理學、認知科學、神經學、工業設計將成顯學

回歸到一開始我談的，當人與 AI 協作即將成真，心理學、認知科學、神經學都會重新被拉進來，而且成為新的圖

靈測試。科學家在觀察，人在面對知道是機器和不知道是機器的時候，反應會有什麼不一樣？既有的心理學測驗應用在AI上，AI又會展現出什麼樣的行為？從生成式AI問世以來，隨便拿一個給人做的心理測驗丟給AI，看看AI會吐出什麼答案，擅長、不擅長些什麼，我已經看到超多相關主題的論文被發表。

在這樣情形下，以前「人機協作」還會被放在資訊工程、電腦科學科系要修習的課程中，但以後說不定人機協作會先被改名成「人與AI協作」，還會被廣泛放在心理學、認知科學、神經科學等等跨領域的科系中。其中從人跟電腦軟體的互動，怎麼樣的形式、體驗是比較好的，到人面對機器人、和它們互動的反應，以及機器人的樣貌該如何設計等等，都會是重要的研究內容。

各式各樣生成式AI的應用，接下來只會愈來愈多，加上AI還要從虛擬走入實體世界，從心理學、認知科學、神經學到工業設計等等各個領域專家，勢必有太多新的題材可以投入研究。可以預料的是，這些學門都將「重返榮耀」，重新變得火紅。

Chapter —— 24

回歸數位經濟本質，認清科技巨頭的算盤

OpenAI 和科技巨頭們在經過 2023 一整年的角力後，
讓 AI 技術和底層模型以非常快的速度進步，
這其實對產業、消費者都是好事，
可使 AI 更快走到人人可用、全面普及的階段。

ChatGPT 出來之後，一堆人玩得很開心，也有人冒出了「所以我接下來應該要做些什麼？」的問題。

對於不是以 AI 為本業的人來說，我偶爾會打趣地說：「先躺平一下吧！」因為語言模型的變動程度還太高，持續快速迭代進步當中，如果太早針對一些模型開發應用，反而會有之後得替換模型的風險和成本，不妨先看懂 Google、Meta 和亞馬遜這些科技巨頭在玩些什麼，等技術稍稍收斂後再說。

在我看來，**所有數位事業的本質，都是用更精巧的方式來奪取「注意力」、「交易」和「數據」**，這一點在可見的幾十年之內都不會改變，所以無論是 Google 淘汰第三方 cookie 也好，Apple 禁止廣告主跨 APP 追蹤使用者也好，這些表面上看似立意良善的舉動，代表的都是科技巨頭已經準備好以新的方式來奪取使用者的注意力和數據。

再者，因為網路外部性（network externality，又稱網路效應，意指使用者愈多，價值愈高）和邊際收益遞增（increasing marginal revenue）兩種經濟效應的關係，數位經濟會有「贏者全拿」的情形，讓這些科技巨頭很難被擊倒。舉例來說，Google 在電腦視覺技術上面改善 1%的辨識率，背後代表的可能是 10 億、百億美金以上的廣告新產值，但是同樣的改善率放在一般的新創公司呢？可能對公司增加的產值寥寥可數到可以忽略的程度，頂多發發論文和一些公關稿就沒了，因為巨量廣告的基礎和需求方規模經濟本來就是掌握在科技巨頭身上，而不是一般新創公司。

博取眼球，奪取人們的注意力

同樣的，現在以 AI 為驅動的各種數位轉型生意，以及 Google、Meta 推出大型語言模型，和數位經濟的本質沒有兩樣，也是為了奪取人們的眼球和注意力。

所以在 ChatGPT 出現之前，現存各個科技巨頭間的均衡是很完美的，大家各擁山頭：亞馬遜做電商、Google 做搜尋、Meta 做社群、蘋果做硬體、微軟做企業軟體，彼此各賺各的錢，完全沒有必要打破這個平衡。所以巨頭們雖然各自都在發展 AI，但是並沒有讓 AI 發展更快的急迫感。但 ChatGPT 殺得大家措手不及，巨頭們發現這樣不行，有些以 AI 為基礎的新商業模式可能會威脅到自己，才紛紛開始認真應戰，沉睡的巨人突然一夜被驚醒。

科技巨頭被逼得提早拿出底層模型應戰不打緊，動作還得飛快。在 2023 年，我們看到各家巨頭紛紛燒大錢，拚命迭代基礎模型，Google 在 2 月以 LaMDA（Language Model for Dialogue Applications）* 為基礎推出 Google Bard（2024 年 2 月更名為 Google Gemini），12 月又推出多模態模型 Google Gemini；Meta 同樣在 2023 年 2 月發布大型語言模型 Llama，並在 7 月又發布 Llama 2；亞馬遜投資 40 億美金給 AI 新創 Anthropic，在 2024 年 3 月推出最新模型 Claude 3，評測表現全面超越 OpenAI 的 GPT-4，一年多下來，所有人都忙死了（我追這些發展也追得很辛苦）。

科技巨頭的快速回應，證明了 ChatGPT 出來攪亂均衡，確實給科技巨頭帶來相當程度的危機感。

如果從搶占人們注意力的邏輯來看，會發現 Google 做為全世界最大的網際網路入口，Meta 擁有最多人口使用的各個社群網站，其實也怕大家都把時間花在 ChatGPT 上（畢竟 ChatGPT 可是創下兩個月使用者破億的新紀錄）。以 Google 來說，雖然使用者去 Google 是為了找到正確的資訊，去 ChatGPT 則是為了跟它聊天、打屁或是要它幫忙寫點東西，不同工具各有目的，可是人們一天就只有 24 個小時的

---

* LaMDA 為 Google 開發的「對話神經語言模型」，第一代於 2021 年 Google I/O 年會發表，2023 年 2 月 Google 發布 Bard 聊天機器人以迎戰 ChatGPT，就是用 LaMDA 為基礎所研發。

時間，ChatGPT 的使用規模最直接撼動的就是巨頭們獨占的「注意力」優勢。

Google 設計搜尋引擎的理念，是盡快把使用者送到正確的地方，不要留在 Google；ChatGPT 則沒有打算與 Google 起正面衝突，做一個更強的搜尋引擎取而代之，它是反轉整個使用者流程，想盡辦法把使用者留在 ChatGPT 裡，這就是 Google 會感到緊張的原因。不過截至 2023 年結束，Google 的搜尋廣告業務並沒有受到太大威脅，不但在 2023 年第四季也交出亮麗的財報給投資人，搜尋引擎的市占率也持續在全世界維持 9 成以上，顯見 OpenAI 尚未威脅到 Google 的金雞母搜尋廣告。雖然 OpenAI 一直傳出在做自己的搜尋引擎想要挑戰 Google，但難度看來很高，Google 在過去一年多也擺好了陣勢全面應戰，回防自己所有的城池，進行內部團隊 Google AI 和 DeepMind 的整合，快速迭代 AI 技術。

私有化趨勢成形，閉源和開源持續並存

在 ChatGPT 出現之前，AI 一直是極度開放、重視開源的社群，但現在包括 Google 和 OpenAI 都發現，如果砸大錢、

砸資料去投入技術、訓練模型，可以累積一些別人做不來的競爭優勢。因此這些公司開始針對獨門資料、技術的使用條款訂定嚴格規範，釋放出來的訊息和技術細節也愈來愈少，帶動了 AI「私有化」的趨勢。

舉例來說，會需要直接從 AI 營利的 Google 和亞馬遜，會傾向不開源自家最重要的基礎模型。所謂的直接從 AI 營利，指的像是 Google Cloud Platform（GCP）、Amazon Web Service（AWS）會在雲端擺滿 AI 模型，用以量計費的方式，租賃給開發者、企業、產業。這樣的營利模式，讓它們選擇不輕易釋放手上最重要的模型，畢竟一旦讓其他企業能夠自由取用模型、部署一套在自己家裡，要是這麼做的固定成本低於直接使用雲端的變動成本，這些企業就會考慮不再用巨頭的雲端服務了。

至於產品線不像 Google、亞馬遜那麼多的 OpenAI 更不用說，ChatGPT 是它獨門且唯一的武器，更加不能輕易開源，一開源就等於獨門武器被拿走；它的確也不願意公布到底用了哪些資料來訓練 ChatGPT，將這視為商業祕密，所以 2023 年史丹佛大學電腦科學系教授李飛飛來台時，我曾私下和她聊到，OpenAI 似乎愈來愈像「CloseAI」，她只淡淡淺笑回了一句：「早就是這個樣子了。」

那有沒有仍然持開放態度的企業？有，Meta 就是領頭羊之一。過去大家都覺得 Meta 是一個很大的「圍牆花園」（walled garden），龐大的 Facebook、Instagram、WhatsApp 等社群通訊軟體都掌握在同一家公司手上，是一個封閉體系。Meta 前幾年原本專注投入元宇宙，但 Meta 執行長祖克柏（Mark Zuckerberg）看得很清楚，他發現元宇宙普及的速度緩慢，討論度冷卻，而 AI 正熱，便趕緊轉彎。對於 AI，祖克柏的戰略是「不斷開源」，於是在 2023 年 7 月，宣布微軟是 Meta 在 Llama 2 和未來拓展生成式 AI 成果的首選合作夥伴。到了 2024 年，Meta 也宣布 Llama 3 將於 7 月推出。

Meta 為什麼要這麼做？一家公司如果願意大方開源，可能是出於理想，但更有可能是因為這麼做有助於它的商業利益，或說至少利大於弊。在這個案例中，答案很明顯是後者。Meta 跟 Google、亞馬遜的商業模式完全不同，社群網路就是 Meta 的商品，它 99% 的收入來自社群廣告，不會因為公開自己的 AI 技術造成商業利益的多得或多失，甚至有機會因此進入到原本無法觸及的領域，例如醫療、晶片、

IoT 等等。

Meta 釋放出 Llama 後，在開發者生態當中取得頭籌，一方面吸引更多開發者來改善模型，另一方面也賺到名聲，吸引更多優秀的 AI 人才使用和改善 Llama，等於名利雙收。Meta 已經是 AI 開源社群的老大，2023 年大多數的時間，AI 開源社群平台排行榜 Hugging Face 上的前 10 名，一半以上被 Llama 和它的子子孫孫模型占據，無論是在文字、影像的模型，都是大家主要拿來當做基礎的對象。在更多開源模型出現之前，Meta 已經迅速取代了 OpenAI 在開源社群的地位，後者在發布 ChatGPT 後，已經完全放棄開源的戰略。

另一方面，Google 在確定透過 Gemini 鞏固自己既有的城池之後，進一步推出了 Gemini 的輕量級開源版本 Gemma，想要更快占據自己的 AI 模型還沒有全面深入的領域，像是筆電、IoT 裝置、工業用設備等；而來自歐洲的 AI 新秀 Mistral 則是以黑馬之姿，在 2023 年底推出了專家混合架構 MoE，讓開源社群的模型表現一舉逼近 GPT-4。

以上種種發展顯示，雖然 OpenAI 開啟了 AI 私有化的趨勢（其公司名稱現在看來格外諷刺），但科技巨頭和主打開源路線的 AI 新秀持續用不同的戰略攻城掠地，閉源和開源兩種路線持續並存，消費者和企業的選擇都愈來愈多。

AI 技術大火併，加速 AI 普及

而 OpenAI 和科技巨頭在經過 2023 一整年的角力後，讓 AI 技術和底層模型以非常快的速度進步，但接下來我們要關注的，會是「生態系的發展」。

如同我在各個演講場合、受訪時強調的：所有數位科技的戰爭，都是生態系的戰爭。2024 年起，科技巨頭已經開始從生態系的戰爭回打 OpenAI。

2023 年全球的鋒頭幾乎都被 OpenAI 搶走，但現在那些科技巨頭會用自己的產品和通路優勢，重新搶回話語權。比方說 Google 可以將自家的基礎模型，部署在 GCP 裡；而新公布的 Google Gemini，分為 Ultra、Pro 和 Nano 三個不同版本的大中小模型，大的模型不用說，就是直接對標 OpenAI 的 GPT-4，標榜 GPT-4 能做的它都可以做到；中型的則提供企業客製化使用；小型模型是打算部署到自家 Pixel 系列的手機裡。另外我們也看到了，投資 OpenAI 的微軟一開始好高興，把 ChatGPT 放到自家的搜尋引擎 Bing 裡，

結果發現效果不如預期，Google 的搜尋護城河還是強大到難以撼動，現在就知道要各自帶開，把 AI 落實到自己原有的強項軟體 Office 裡，微軟的 365 Copilot 就是目前全力主打的產品。

那原本獨領風騷的 OpenAI 呢？首先，雖然 OpenAI 持續釋放出像是 Sora* 這種以文字產生精美 3D 影片的技術而讓世人驚豔，但 ChatGPT 的核心商業模式是不是能支撐整家 OpenAI，會是接下來的觀察重點。ChatGPT 除了訂閱制和品牌心占率以外，目前還沒有其他護城河，可是它投注在 AI 訓練和維運的成本卻非常龐大，一旦外部挹注的資金不足，導致其必須採取降低成本的做法，自然會影響到核心服務的品質，而原本就有巨大基礎設施的科技巨頭，則可以透過規模經濟降低成本，在這方面取得優勢。

其次，雖然 OpenAI 積極想發展 GPT Store，讓開發者可以分享、銷售自己製作出的各種專屬 GPT，打造自己的生態系。但 Google 有 Google Play，蘋果有 App Store，兩大巨頭不可能讓 OpenAI 在它們的手機上去發展 GPT Store，這塊餅會由它們自己吃掉。另外，OpenAI 和微軟又被《紐約時報》提起大規模訴訟，指控 ChatGPT 和基礎模型的訓

---

* Sora 是 OpenAI 在 2024 年 2 月發布的一款可透過文字生成逼真影片的人工智慧模型。

練素材是未經同意的侵權使用。這件事情非常嚴重，因為是前所未見的判例，全世界都等著看，如果法院判定 OpenAI 要賠 50 億美金給《紐約時報》，那各方業者都要跟進向 OpenAI 求償了。

OpenAI 的神祕武器引發高度重視

那麼 OpenAI 手上有沒有更厲害的技術呢？我相信有。OpenAI 執行長奧特曼受訪時經常提到通用型人工智慧（artificial general intelligence, AGI），之前也傳出內部神祕的「Q*」技術可能會是殺遍四方的 AI 技術。但話說回來，就算 OpenAI 真的有 AGI，能在這個時間點釋放出來嗎？OpenAI 會不會因此再度受到更多的攻擊？後者的答案幾乎是肯定的，光是看到 OpenAI 對於 Sora 的謹慎態度，就知道各國政府和產業對於 OpenAI 過去各種衝撞產業和全世界的舉動，現在已經高度敏感，進入到隨時可能介入監管的狀態，OpenAI 不得不謹慎。

AI 技術、基礎模型的領域還在持續進步、收斂當中。科技巨頭的火併，其實對產業、消費者都是好事，幾隻超級怪獸在打架，拚了命要搶到 AI 的市占率，會因此降低 AI 的成本、讓 AI 更快走到人人可用、全面普及的階段。親自見證這一切的我們，正處在人類社會智慧化的重要轉折點。

Chapter —— 25

不需要為了面子，
重新發明輪子

AI 底層模型是關乎基礎科學研究的題目，
一定要投入百千億資金的規模、拉長時間才會有成果。
已經結束的技術戰爭，不需要硬要跳進去當炮灰，
不如站在巨人的肩膀上，找出妥善的垂直應用，
將 AI 整合進我們既有的商業模式，才是上策。

2023 年時，台灣的中研院開源釋出以 Meta Llama 2 為部分基底的繁體中文大型語言模型 CKIP-Llama-2-7b，結果因為沒說清楚那是明清人物研究專用的模型，而非像 ChatGPT 般的通用模型，導致許多人提問時，發現模型出現了簡體中文慣用語和詞彙的回答。一時間，「台灣應該自主研發專屬基礎大語言模型」的聲浪再起，新聞媒體鬧得沸沸揚揚。

為何會需要「主權模型」？

在我看來，AI 技術的火併在全球已經結束第一局，包括 OpenAI 在內的技術大廠都已經把未來拓銷 AI 服務的架勢擺好，幾大語言模型的生態系（GPT、Gemini、Llama 等等）也開始快速深化。若只考量商業層面，台灣或是許多國家實際上都不太需要自己的基礎大語言模型，台灣既有的產業生態鏈，都已經可以對接大廠釋出的模型、進一步對接到大廠既有的生態系。

而現今各國政府想要「做自己的基礎模型」這件事，實際上是行銷和地緣政治的問題，而完全不是技術的問題。

許多國家想發展「主權模型」不是沒有道理，首先，地緣政治話題正熱，這就像每個國家要有自己的生物技術、半導體技術一樣，在 AI 被認定是國家關鍵技術的時候，AI 的生態系怎麼能都由美國主導？如何能被少數國家把持？在這樣的情形下，各國當然會堅持要有自己的基礎模型。

其次則是站在文化保存的立場，世界會因為這些大型語言模型開始出現語言霸權。這是什麼意思？比方說 ChatGPT、Gemini 都是用英文訓練出來的，因為全世界英文的資料量最大最多，因此用英文跟這些語言模型互動，能獲得最好的回應品質。這會強化英語的普及性，有些人可能為了得到更好的工作品質和產出，因此下定決心要把英文學好一點，英文霸權的優勢在全世界會更加明顯，少數語種的生存空間自然受到擠壓。

再來是出於資料的考量。當大家與 ChatGPT 互動愈多，蒐集到的資料也就愈多，等於 ChatGPT 已經取得先發優勢。各國都擔心互動的資料、高品質的資料，會再一次被美國的科技巨頭全部收走，而且 OpenAI 拿走資料後到底怎麼用，我們也都不知道。之前就曾發生三星半導體允許旗下員工使用 ChatGPT 修復原始程式碼的錯誤，結果不到 20 天，會議紀錄、工廠性能、產量等資訊就被洩露了三次，等於機密訊息全部都餵給 ChatGPT。

科技巨頭寡占 AI 技術的殘酷現實

不過發展主權模型，也會衍生一些問題。舉例來說，文心一言、通譯千問雖然是由百度、阿里巴巴等私人企業開發，但這其實是從「主權模型」的概念出發，代表著中國，後續才會產生一連串的「AI 災難」，包括百度剛推出文心一言的時候，鴛鴦火鍋裡真的有鴛鴦，胸有成竹的男人是胸上插了幾根竹子，畫出來的圖跟鬼故事一樣可怕，完全無法為工作帶來任何助益，還造成一系列公關危機。

這凸顯的是儘管中國有十幾億人口，資料量一定大，但受到資訊管制的關係，必須先過濾敏感字詞才能訓練模型，導致資料的多樣性不足，訓練出來的 AI 自然就會歪掉；另外由於模型部署在中國境內，AI 運算又非常耗能，使用者體驗不會太好，我自己試用文心一言的感受是回應很慢，畢竟中間有個長城隔絕掉了，所以文心一言可能也會以國內應用為主。

不過我要強調的是，這並非中國的 AI 技術不佳，在學術界和產業界，中國過去一直和美國攜手發展 AI，技術能力幾乎與美國並駕齊驅，直到中美開始脫鉤，以及 AI 被美國列為管制的技術為止。關鍵在於這些中國模型被訓練出來的目的，除了是想要在中美脫鉤的情勢之下、追趕美國的技術之外，另外也是希望「AI 主權模型」做為國家代表隊，以免在商業和文化方面都遭到西方的輾壓，但因為種種先天發展條件的限制，發展語言模型的能力目前尚未趕上美國。

從中國的例子可以看出，儘管各國政府為了防堵語言被輾壓、技術被掌握、資料外流，都想發展自己的大型語言模型，但難免遇到諸多實踐上的問題。更現實的是，目前 AI 技術的來源幾乎已經確定了，是由 Google、Meta 等科技巨頭寡占。

除非你像 OpenAI 那樣，能夠從微軟那裡獲得超級龐大的經費奮力一搏殺出一條血路（就算微軟也還是科技巨頭）；或是像富裕的阿拉伯聯合大公國般，支持旗下科技創新研究院（Technology Innovation Institute, TII）打造出大型 AI 模型「獵鷹」（Falcon），一度占據 AI 開源社群平台 Hugging Face 公開語言模型排行榜的首位（但像獵鷹這種案例，實在是例外中的例外），否則一般的公司無論身處產業、自身規模大小，難以自己發展出Gemini或是Llama這樣的AI技術。

所以現在再來談「台灣要不要培養自己的基礎大語言模型？」「要不要做自己的ChatGPT?」，我覺得真的有點晚了。

整合AI，找到自己的商業模式可能更重要

底層模型是關乎基礎科學研究的題目，一定要投入百億乃千億規模的資源、拉長時間才會有成果，目前台灣的公部門基本上沒有這個條件，頻繁的選舉造成頻繁的人員流動和預算的重新分配，會讓一個好專案直接被中斷。台灣政府對於產業種種齊頭式平等的小額補助環境，更是讓需要集中資源的AI研發難上加難。

就算真的做出一個專屬台灣的基礎大語言模型，後續又該如何維運？現在的商業模式很清楚，各個基礎大語言模型都採取訂閱或是用量模式，以支撐整個生態，要做為一個基礎設施，就要有經費不斷支持它的維護與進化，台灣也不會跳脫這種商業模式。如果我們要訓練台版ChatGPT，第一個它一定要有商業模式來支撐，而目前這件事情是不清楚的。

如果是要國家來負擔的話，當然有機會，可是進展就不會像民營企業那麼快，而且後續要由誰來維運？再來是行銷的問題有沒有辦法解決？台灣希望把資料留在自家，難道還得再出一筆行銷費用說我請大家來用我們的中文的 ChatGPT ？使用者通常不會理你，人多的地方他們就跟著過去了。在 ChatGPT、Gemini、Copilot 已經取得重要先發優勢的同時，這些都是很實際的問題，一定要考量進去。

那麼私人企業有沒有辦法做呢？它們肩負著生存壓力，更是效益至上了。科技巨頭有幾十億的使用者在手上，需要一個很大的模型，去強化既有幾十億人訂閱的商業模式；可是台灣企業的商業模式是以 B2B 為主，B2B 的企業不需要一個超級大的基礎模型，這對它們的商業利益沒有明顯的好處。

假設要台灣最有錢的半導體公司要投資 1,000 億台幣做一個超大的基礎模型，它馬上會問自己「為什麼」？它並沒有要發展新事業，可能只是要改良製程、讓 AI 來幫忙設計晶片，這些都是在既有大型語言模型基礎上的特化應用，不需要額外花費高昂成本，再訓練出一個基礎模型。所以即使是在台灣銀彈最充足的半導體產業中，也沒有任何一家公司有動機去重新訓練一個大型基礎模型。

不要去打已經結束的戰爭

最後，最重要的是，「AI模型微型化」的趨勢已經形成：AI 模型愈縮愈小，效能卻沒有退化。各家技術大廠現在都拼命朝著這個方向優化，讓 AI 模型能夠直接被放在各種裝置裡面，甚至在離線的環境下也可以使用，藉此加速 AI 的普及。所以，除非 AI 的底層技術或架構出現嶄新的突破，否則這個趨勢會讓「重新訓練自己的基礎大語言模型」變得愈來愈沒有必要。

不要只是為了自己的面子，老是想重新發明輪子。

雲端趨勢剛起的時候，大家都說台灣一定要有自己的公有雲基礎設施，但西方已經有很多雲端服務平台如 Google Cloud Platform、微軟 Azure、亞馬遜的 AWS，中國則有阿里雲，騰訊雲，還都發展得非常好，等於泡沫破了一次；幾年前，我們也說要有自己的元宇宙、區塊鏈基礎設施，如今泡沫再被打破。

這次來到基礎大語言模型的技術戰局，出於國家資源、產業資源、社會資源的考量，如同我一再強調的，我們應該借鏡前車之鑑，讓台灣企業在其他基礎大語言模型之上，趕緊各自帶開發展垂直應用，像國科會號召打造的生成式 AI 對話引擎 TAIDE（Trustworthy AI Dialogue Engine），就是以 Meta 的開源大語言模型 Llama 2 為基礎，進行繁體中文的訓練、調校，最終形塑出的「台灣味大型語言模型」。

不要去打已經結束的戰爭，要站在別人的肩膀上，找出妥善的垂直應用，將 AI 整合進入自己既有的商業模式，才是對台灣最好的選擇。

Chapter —— 26

資安與 AI 可信度是重中之重

AI 為什麼有效？

在產生出答案時，AI 內部到底是怎麼運作的？

這個懸而未解的問題，就是 AI 的黑箱問題。

這個問題一天不解決，人類終究無法完全信任 AI。

AI既然這麼厲害，許多人擔心AI會不會產生出自己的心智能力？威脅我們人類的獨特性，甚至產生自我意識，有一天反過來統治人類？

這是大哉問。

當GPT-4通過心智測試

無論我們對心智的定義是什麼（人們千百年來始終為了這個定義爭吵不休，至今沒有定論），從外在行為來看，OpenAI的GPT-4的確已經具備一些我們一般認知的心智能力。

在GPT-4剛剛問世時，微軟的研究員立即針對GPT-4進行研究，寫下了一份長達154頁的研究報告，裡頭詳細記載GPT-4展現出來的驚人能力。其中最令人驚訝的，是GPT-4成功通過了經典的心理測驗「Sally-Anne測試」。

這是一個常用於兒童發展心理學研究中的測試，通常用於評估兒童的「心智理論」（Theory of Mind）能力，也就是看看小孩「能否理解他人的心理狀態和觀點」。

測試的內容是這樣：Sally和Anne在房間內，Sally拿起一個球放在一個籃子裡之後離開房間。而 Anne 看到 Sally 離開房間之後，偷偷把球從籃子當中拿出來，放進了一個盒子裡蓋起來。

這個時候心理學家問受測兒童：「Sally 回來後，她會在哪裡找球？」一些兒童會回答 Sally 會去盒子裡找球，這是錯誤答案，因為 Sally 並不知道 Anne 把球移走了。但對於理解心智理論的兒童，他們可以想到 Sally 不知道球已經被移走了，因此她會到原本的籃子裡去找球、但是卻發現球不見了，這才是正確答案。

這個測試的結果可以幫助心理學家了解兒童的發展情況，以及他們對他人思想的理解程度。在 2010 年的一項實驗結果當中，6 到 8 歲的小孩答對率是 65.5%，9 到 14 歲的小孩答對率是 91.9%。這些數字代表什麼意思？代表並不是成長到一定歲數之後，所有小孩就都可以答對這個問題，而是隨著年齡增長答對率跟著上升。所以即使是中學生，也有可能答錯這個問題。

微軟的研究人員突發奇想，拿這個測試去試驗 GPT-4 的推理和同理心能力。而且為了避免 GPT-4 是因為之前記住了網路上關於 Sally-Anne 測試的內容答案而作弊通過測試（就是直接背答案的意思），微軟的研究員特地把這個經典的測試內容改寫成一個現代版本：Alice 和 Bob 在找一份電腦檔案，Bob 趁 Alice 不知道的時候，把檔案移動到其他地方，請問 Alice 會去哪裡找她的檔案？但沒想到 GPT-4 面對這個變形的問題，居然還是答對了。而馬上衍生出來的問題是，GPT-4 是怎麼產生出這種能力的，研究人員並沒有答案，還需要更多的研究。

對，如果你還不知道的話，以類神經網路為基礎訓練出來的這些 AI，對人類來說是一個十足的大黑箱，我們只知道這樣建構出來的 AI 是有效的，但為什麼有效？以及 AI 到底在產生出每一個答案的時候，內部到底是怎麼運作的？這還是一個未解的問題，這是 AI 領域的經典黑箱問題（Black Box Problem）。這份研究報告就憂心地提到，人類得趕快想辦法理解 GPT-4 和其他的大型語言模型到底是如何運作的。

AI 的「黑箱」問題，牽涉資安與信任

我完全可以感受到研究人員在看到 GPT-4 展現出通過

Sally-Anne 的進階心智能力時的焦慮。在 AI 的學術研究領域當中，「AI 黑箱」這個題目以前既不重要也不受歡迎，因為至少在 2022 年之前，AI 就那麼幾家科技公司在用，人們對 AI 也沒什麼感覺，頂多是叫智慧助理幫忙播個音樂就沒了，所以當時研究 AI 黑箱問題的論文很少，根本沒必要。但 ChatGPT 及其他大模型湧現（emerge）出了特殊能力，是連專家都沒料到的。

比方說 AI 原本應該只會讀短文章，為什麼突然之間就會推理了？目前粗淺的解釋，只有「量變會造成質變」，當神經網路愈大、參數愈多，AI 就會湧現出當初沒有預料到的能力。因此大家開始關注造成這個現象的原因，造成 AI 可解釋性的論文自 2023 下半年以來暴增，黑箱成了 AI 普及一個要克服的大題目。

除了要解釋 AI 能力大幅精進的原因，「黑箱問題」還直接牽涉到「資安」問題。資安可以分成兩種層次，一個是有人用惡意來攻擊你、竊取你的資訊，另一個則是 AI 在不小心、無意間造成的漏洞。此外，AI 還負責愈來愈多的決策，但人們憑什麼信任 AI ？最明顯的例子就是銀行借貸時，決定到底要不要借你錢，幾乎多由電腦在做，隨著這件事情愈來愈蓬勃之後，客戶自然會質疑，為什麼你不借給我錢？我沒有問題啊。

當 AI 心智快速成長，監管將成重要議題

過去全球政府對軟體的監管都從平台面出發，如果有色情、賭博等等不好的內容上架平台，就進行管制，可是生成式 AI 問世後，他們的監管開始深入到演算法的層次，在立法者眼裡，企業必須在 AI 的可解釋性上做到一定程度，才能放下資安、信任的疑慮。

歐盟議會在 2024 年 3 月通過全球第一部《人工智慧法案》（Artificial Intelligence Act, AI Act），要求企業要能夠針對消費者的疑問，解釋為什麼 AI 做出這樣的判斷和預測，你是用回歸分析很簡單地算出來？還是你是用深度學習去很複雜的算出來？企業要做出解釋，也是要打開 AI 黑箱的一個起點。

目前 AI 的可解釋性有幾種不同的研究方式：一種是從外部來做經驗法則的研究，專家像在研究人類一樣，對 AI 做心理學測驗，看看它面對敏感問題時，會不會選邊站、會

不會給出一些爭議性答案，當它展現出正常行為的時候，專家就會說這個 AI 心智是正常的；第二個方向則是研究人員真的打開 AI 的腦部，查看 AI 的類神經網路，像接腦波一樣觀察 AI 在產生圖片、寫程式的時候，是哪一部分的類神經網路在發光，進而去拆解 AI 推理的過程。

醫學上很難去驗證人腦推理的過程，兩個人相互溝通時，彼此的腦中到底發生了什麼事情，我們很難隨時監控並做侵入性研究，可是類神經網路可以，AI 的資訊到底是從哪一個神經元流到哪一個神經元，這是有辦法被追蹤的，因此專家也可以去拆解 AI 為什麼會做出這樣選擇？是把哪兩個不同的關鍵連接在一起吐出來？

從商業角度來看，AI 的黑箱、可解釋性是 AI 普及要碰到的挑戰，腦子動得快的企業，甚至會把問題想成一門生意，已經有些 AI 稽核新創開始出現，協助企業認證自家採用的 AI 是不是可以信賴的。類似的可解釋性應用框架、技術，其實 Google、微軟等科技巨頭也在不斷釋放，我預估可解釋性的工具接下來大部分會是免費的，就跟開源的世界一樣，因為你不可能連研究可解釋性的工具都是一個黑箱吧？這些工具未來基本上一定會大幅度開放。

面對 AI 的黑箱問題，人類等於造出了一個可能具備進階心智能力的智慧機器，卻沒有人知道它是如何運作的。在此情形下，市場上出現了兩股拉扯的力量，科技巨頭、民間都期望 AI 趕快普及，監理機構則希望企業先解釋模型到底是怎麼運行的，會不會亂講話、吐出一些對青少年不好的訊息，要等準備好之後才能上路，而目前釋放 AI 的企業像是 OpenAI，已經拒絕公布任何關於 GPT-4 的細節，我相信 OpenAI 自己也還在研究當中。

隨著 AI 技術已經被放到市場上讓人人可用，人類在期待 AI 帶來便利、要為我們建構智慧文明的同時，也有必要對懸而未解的黑箱、可解釋性問題，有多一分警醒。

關鍵思考

- 2024 年是機器人產業大爆發的一年。AI 跟物理世界真的結合了，那些好萊塢電影裡的機器人將真的走進我們的日常生活。我認為在智慧助理、機器人和醫藥暨照護這三個領域，AI 馬上就會帶來重大的變化。
- Google、Meta、微軟這些科技巨頭和 OpenAI 正為了 AI 市占率大火併，可能會因此降低 AI 的成本、讓 AI 更快全面普及，這其實對產業、消費者算是好事。
- 台灣的企業環境和矽谷不同，而且企業以 B2B 居多，很多企業是看顧客需要些什麼，才回過頭來做產品。B2B 的企業不需要發展超級大的基礎模型，不如找出妥善的垂直應用，將 AI 整合進入自己既有的商業模式，才是最有利的選擇。

閱讀筆記

國家圖書館出版品預行編目（CIP）資料

AI 世界的底層邏輯與生存法則 / 程世嘉著 . -- 第一版 . -- 臺北市 : 遠見天下文化出版股份有限公司 , 2024.04

面；　公分 . -- (財經企管 ; BCB833)

ISBN 978-626-355-744-4(平裝)

1.CST: 資訊社會 2.CST: 人工智慧

541.415　　　　113005321

財經企管 BCB833

AI 世界的底層邏輯與生存法則

作者 — 程世嘉
採訪整理 — 蕭玉品

副社長兼總編輯 — 吳佩穎
副總編輯 — 黃安妮
責任編輯 — 陳珮真
封面暨版型設計 — 木木 Lin
校對 — 魏秋綢

出版者 — 遠見天下文化出版股份有限公司
創辦人 — 高希均、王力行
遠見・天下文化　事業群榮譽董事長 — 高希均
遠見・天下文化　事業群董事長 — 王力行
天下文化社長 — 王力行
天下文化總經理 — 鄧瑋羚
國際事務開發部兼版權中心總監 — 潘欣
法律顧問 — 理律法律事務所陳長文律師
著作權顧問 — 魏啟翔律師
地址 — 台北市 104 松江路 93 巷 1 號
讀者服務專線 — (02) 2662-0012 ｜傳真 — (02) 2662-0007；(02) 2662-0009
電子郵件信箱 — cwpc@cwgv.com.tw
直接郵撥帳號 — 1326703-6 號　遠見天下文化出版股份有限公司

電腦排版 — 簡單瑛設
印刷廠 — 中原造像股份有限公司
裝訂廠 — 中原造像股份有限公司
登記證 — 局版台業字第 2517 號
總經銷 — 大和書報圖書股份有限公司　電話／(02) 8990-2588
出版日期 — 2024 年 3 月 29 日第一版第一次印行
2024 年 9 月 12 日第一版第八次印行

定價 — NT 450 元
ISBN — 978-626-355-744-4
EISBN —9786263557406 (EPUB) 9786263557390 (PDF)
書號 — BCB833
天下文化官網 — bookzone.cwgv.com.tw

天下文化

BELIEVE IN READING